玉掛け作業者
安全必携

—技能講習・特別教育用テキスト—

中央労働災害防止協会

まえがき

現代のモノづくりの場における材料や製品の搬送、建設工事現場での資材の運搬などには、重量物を持ち上げ移動させるクレーン作業は欠かすことができません。しかし、クレーン作業の現場では、重量物を取り扱うことから重篤な労働災害があとを絶たず、運搬中の荷の落下による災害なども少なくありません。重量物を安全に運搬するためには、玉掛け作業をより確実に、より安全に行うことが重要です。

そこで、労働安全衛生法令では、使用するクレーン等のつり上げ荷重が１トン以上の場合は玉掛け技能講習の修了を、１トン未満であれば特別教育の受講を義務付けています。

本書は、この玉掛け技能講習・特別教育のためのテキストです。特に製造業等の現場からの声にお応えして、工場内等の玉掛け作業を念頭に編纂しています。このほど、最新の法令に対応するとともに、参考図表を拡充し、玉掛け用ワイヤロープの選択およびつり荷の質量目測の例題も加えるなど、一層の内容の充実を図って改訂いたしました。

本書を、広く産業界の現場で活用していただき、労働災害防止の一助となることを祈念いたします。

令和３年１月

中央労働災害防止協会

玉掛け技能講習カリキュラム

学科講習

講習科目	範囲	講習時間
クレーン、移動式クレーン、デリック及び揚貨装置(以下「クレーン等」という。)に関する知識	種類及び型式　構造及び機能　安全装置及びブレーキ	1時間
クレーン等の玉掛けに必要な力学に関する知識	力(合成、分解、つり合い及びモーメント)　重心及び物の安定　摩擦　質量　速度及び加速度　荷重　応力　玉掛用具の強さ	3時間
クレーン等の玉掛けの方法	玉掛けの一般的な作業方法　玉掛用具の選定及び使用の方法　基本動作(安全作業方法を含む。)　合図の方法	7時間
関係法令	労働安全衛生法、労働安全衛生法施行令、労働安全衛生規則及びクレーン等安全規則中の関係条項	1時間

実技講習

講習科目	範囲	講習時間
クレーン等の玉掛け	質量目測　玉掛用具の選定及び使用　定められた方法による0.5トン以上の質量を有する荷についての玉掛けの基本作業及び応用作業	6時間
クレーン等の運転のための合図	手、小旗等を用いて行う合図	1時間

(昭和47年労働省告示第119号「玉掛け技能講習規程」)

玉掛けの業務に係る特別の教育カリキュラム

学科教育

科目	範囲	時間
クレーン、移動式クレーン及びデリック(以下「クレーン等」という。)に関する知識	種類及び型式　構造及び機能　安全装置及びブレーキ	1時間
クレーン等の玉掛けに必要な力学に関する知識	力(合成、分解、つり合い及びモーメント)　簡単な図形の重心及び物の安定　摩擦　重量　荷重	1時間
クレーン等の玉掛けの方法	玉掛用具の選定及び使用の方法　基本動作(安全作業方法を含む。)　合図の方法	2時間
関係法令	労働安全衛生法、労働安全衛生法施行令、労働安全衛生規則及びクレーン等安全規則中の関係条項	1時間

実技教育

科目	範囲	時間
クレーン等の玉掛け	材質又は形状の異なる二以上の物の重量目測　玉掛用具の選定及び玉掛けの方法	3時間
クレーン等の運転のための合図	手、小旗等を用いて行なう合図の方法	1時間

(昭和47年労働省告示第118号「クレーン取扱い業務等特別教育規程」)

目次

序　章

安全な玉掛け作業のために

本章のポイント

- 玉掛け作業を行うために必要な資格について紹介します。
- 玉掛け作業にかかわる労働災害について学び、安全の重要性を考えます。

玉掛け作業とは？

玉掛け作業とは、クレーン等を用いて荷を移動させる際に行う、玉掛用具を用いた荷掛けおよび荷外し作業をいいます。つり荷をクレーン等でつるために使用する玉掛け用ワイヤロープ等の選定、荷のつり上げ、つり荷の誘導およびつり荷を所定の位置に置き、つり具を荷から外すまでの一連の作業が該当します。

重量物を取り扱う大変危険な作業であるうえ、クレーン等の運転者と息を合わせて行う共同作業でもあり、作業を安全に進めるためには玉掛け作業の方法や玉掛用具についての知識はもちろん、クレーン等の構造や性能についても理解しておくことが必要であり、所定の教育・講習を受けたものでなければ就業してはならない（就業制限業務）ことになっています。

玉掛け作業者の資格

玉掛け作業を行うには、法定の講習を受講しなければなりません。使用するクレーン等のつり上げ荷重が1トン以上の場合は玉掛け技能講習を、1トン未満であれば特別教育を修了することが必要です（他に職業能力開発促進法に基づく資格もあります）。

この資格の区分は、つり上げる荷の重さではなく、クレーンの性能（つり上げ荷重）によります。たとえ質量が0.1トンのつり荷であっても、つり上げ荷重1トン以上のクレーン等を使う場合は技能講習の修了が必要になります。

玉掛け作業の労働災害

平成 31/ 令和元年のクレーン等による労働災害の死傷者数は 1,802 人にのぼり、死亡者も 44 人を数えています。業種別にみると、死傷者数のうち 763 人（42.3%）を製造業が占め、建設業が 471 人（26.1%）と続いています（**図 1**）。一方死亡者は、製造業、建設業ともに 16 人（36.4%）です（**図 2**）。

このうち、玉掛け作業をともなうクレーン・移動式クレーンによる災害の死傷者数は 1,439 人を占め（**図 3**）、うち 36 人が命を落としています（**図 4**）。このようにクレーン作業の死傷災害の約 8 割が、玉掛け作業に関係しています。

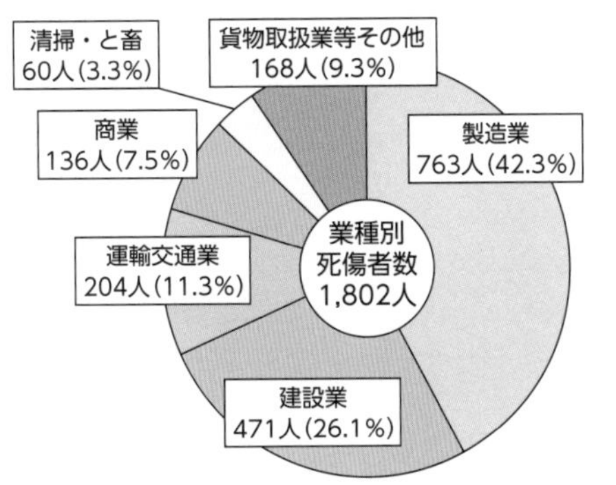

図 1　クレーン等による業種別死傷者数（平成 31/ 令和元年）

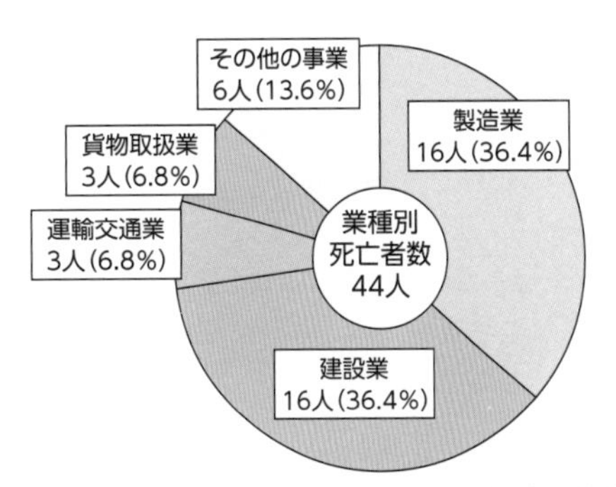

図 2　クレーン等による業種別死亡者数（平成 31/ 令和元年）

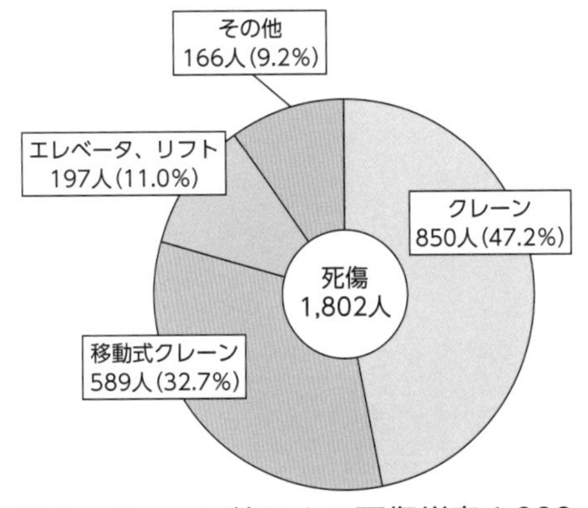

図 3　クレーン等による死傷災害 1,802 人の内訳（平成 31/ 令和元年）

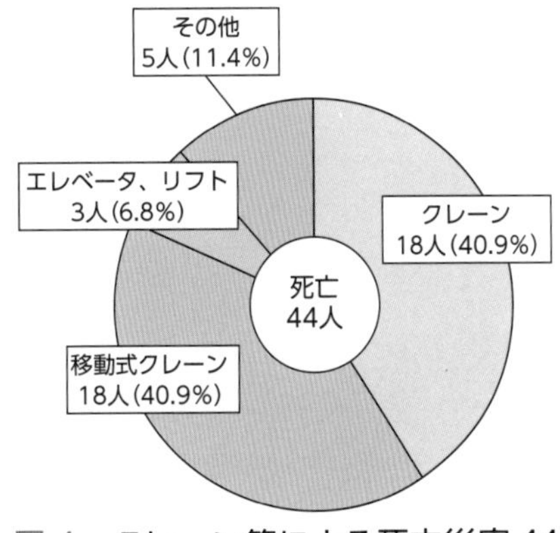

図 4　クレーン等による死亡災害 44 人の内訳（平成 31/ 令和元年）

（図 1 ～ 4、資料：厚生労働省安全課調べ）

（注）構成比は、端数処理の関係で合計が 100%にならないことがあります。

残念ながら、こうした死傷災害の当事者の中には、玉掛け技能講習や特別教育を修了せずに作業に就いていた人たちが、少なからず存在しました。一人ひとりが正しい知識を持って安全作業を心掛け、実践していかないと、自分だけでなく、共に働く仲間にまで危険を及ぼすことになりかねません。この講習を機会に安全に対する認識を深め、安全な玉掛け作業に取り組みましょう。

第1章

クレーン等に関する知識

本章のポイント

- クレーンの定義、またクレーンを理解するための基本用語について学びます。
- クレーン、移動式クレーン、デリック、揚貨装置の機能と構造、種類等について学びます。
- クレーンに装備されている安全装置等について学びます。

1.1 クレーンとは？

図 1-1　天井クレーンの例

1.1.1 クレーンの定義

JIS B 0146-1（クレーン用語）によると、クレーンは「フック又はその他のつり具によって荷をつり上げ、空中で移動するための反復往復機」と定義されています。また、労働安全衛生法令（以下「安衛法令」）では、「荷を動力を用いてつり上げ、およびこれを水平に運搬することを目的とした機械装置で、移動式クレーン、デリックおよび揚貨装置以外のもの」としています。つまり、荷のつり上げを人力で行うものは安衛法令でいうクレーンには該当せず、荷の水平移動は人力で行っても、つり上げを動力を用いて行うものはクレーンとなります。本書では、この安衛法令の定義に基づき解説していきます。

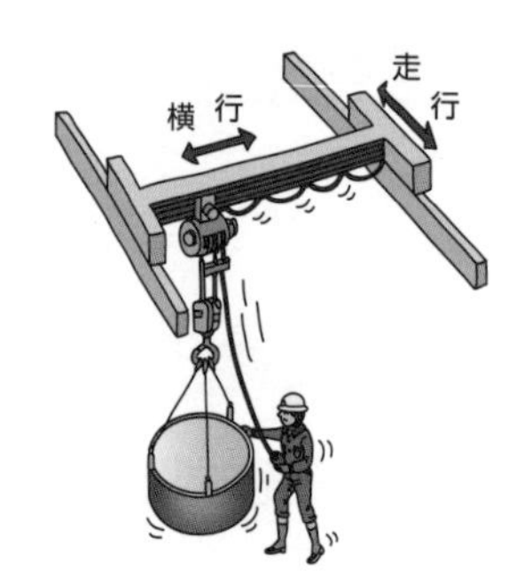

動力でつり上げて水平移動するのでクレーン

人力でつり上げるので、クレーンではない

図 1-2　クレーンの定義

ポイント

クレーンとは、荷を動力でつり上げて、これを水平に運搬する機械装置です。つり上げ荷重が 0.5t 未満のものは安衛法令上のクレーンに該当しません。

1.1.2 クレーンの運動

クレーン等は、その種類ごとにさまざまな運動を行って荷を運搬します。主なものについて紹介します。

(1) 巻上げ・巻下げ

垂直方向の荷の変位のこと。すなわち、つり荷を上げる運動を巻上げ、つり荷を下げる運動を巻下げといいます（**図 1-3** (1)）。両方をまとめて巻上げと総称することもあります（例えば「巻上げ装置」）。

(2) 走 行

JIS では「運転状態にあるクレーンの全体的な移動」と定義されます。天井クレーンなどで、クレーン全体が走行レール（ランウェイ）上を移動する運動です（**図 1-3** (1)）。

(3) 横 行

ガーダ（けた）や軌道、軌道ロープ、ジブ、または片持ちはりに沿ったトロリの運動をいいます（**図 1-3** (1)）。一般に、走行方向とは直交する向きになります。

(4) 旋 回

クレーンの回転部分の水平面内での各運動。ジブ等の回転運動を指します（**図 1-3** (2)）。

(5) 起 伏

JIS では「垂直面内におけるジブの各運動」と定義されます。ジブ等がその取付け部を中心に上下に動く運動です（**図 1-3** (2)）。通常、起伏によりつり荷も上下に移動します。

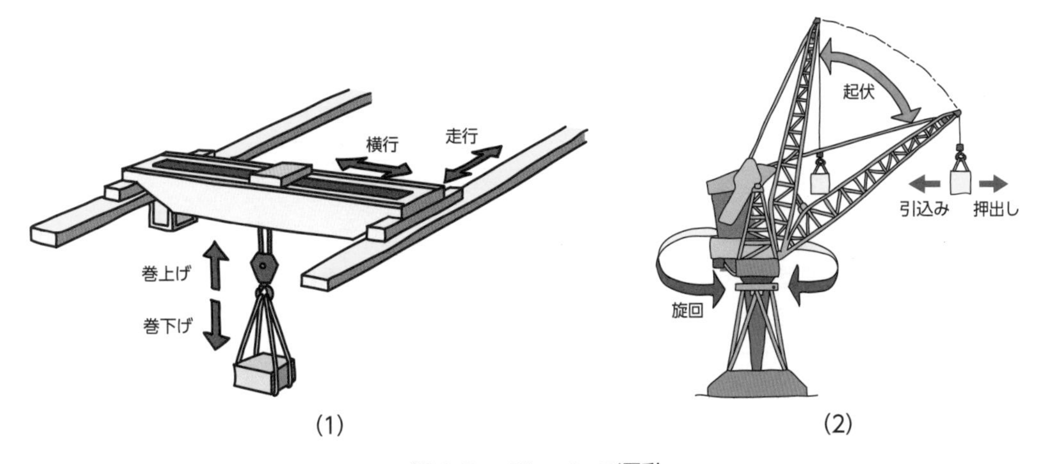

図 1-3　**クレーンの運動**

(6) 引込み

ジブ等を起伏させた際に、荷を自動的にほぼ一定の高さに保った状態で水平に移動させる運動。「水平引込み」ともいいます。また、荷を引き寄せる方向の運動を「引込み」、押し出す方向の運動を「押出し」ということもあります（**図 1-3**（2））。

(7) 伸　縮

ジブ等の長さを変える運動をいいます。

1.1.3 クレーン用語

(1) つり上げ荷重

安衛法令では「クレーン、移動式クレーン、またはデリックの構造および材料に応じて負荷させることができる最大の荷重」（安衛令第 10 条）と定義されています。ジブを有する移動式クレーンでは、アウトリガーを最大に張り出し、ジブの長さは最短、傾斜角は最大としたときに負荷させることのできる最大の荷重がつり上げ荷重（フック等のつり具の質量を含む）となります（**図 1-4**）。

図 1-4　つり上げ荷重、定格荷重

ポイント　定格荷重につり具の質量を加えたものを「定格総荷重」とよび、移動式クレーンではこちらで表示するのが一般的です。

豆知識　クレーンの動力には、電動機が多く使われています。

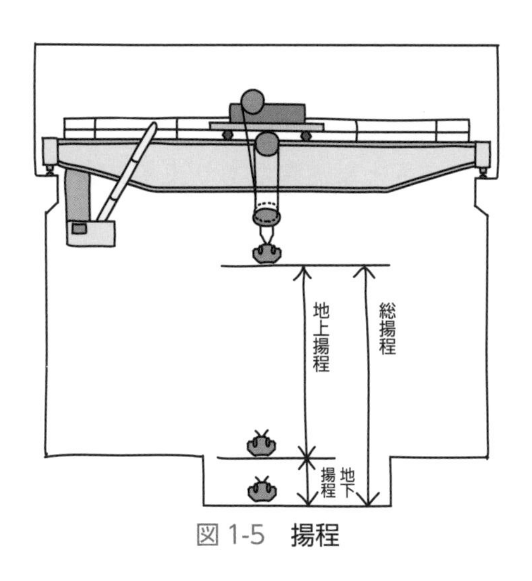

図 1-5　**揚程**

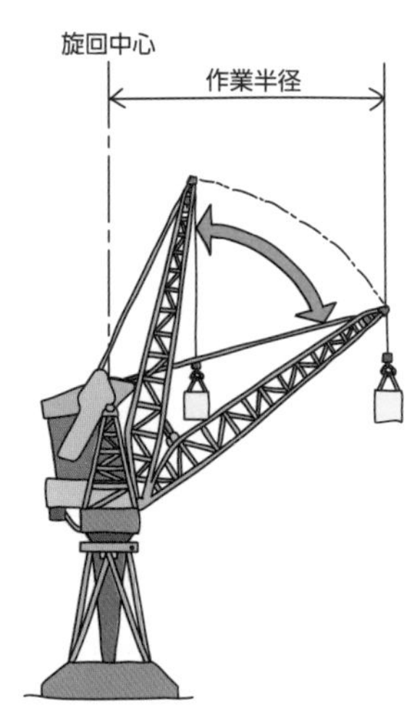

図 1-6　**作業半径**

(2)　定格荷重

①　ジブを有しないクレーン等にあっては、つり上げ荷重からフック等のつり具の質量を差し引いた荷重。天井クレーン等の定格荷重は1つの値になります。

②　ジブを有するクレーン等にあっては、その構造および材料ならびにジブの傾斜角および長さ、またはジブに沿ったトロリの位置に応じて負荷させることのできる最大の荷重から、フック等のつり具の質量を差し引いた荷重。ジブクレーン等の定格荷重は、ジブの傾斜角や長さ、作業半径等により変化します。

③　揚貨装置にあっては、安全に負荷させることのできる荷の最大の質量（つり具等の質量を含む）を「制限荷重」といいます。

(3)　定格速度

定格荷重に相当する質量の荷をつって、巻上げ、走行、横行、旋回、起伏等の運動を行う際の、それぞれの最高の速度をいいます。

(4)　揚(よう)　程(てい)

つり具の最高および最低の作業点間の垂直距離。つまり、つり具を巻上げ・巻下げする際に有効に上下できる最上点から最下点までの垂直距離をいいます。地上揚程と地下揚程を加えたものを総揚程と呼んでいます（**図 1-5**）。

(5)　作業半径

旋回半径ともいいます。旋回軸を垂直とした場合につり具の位置と旋回中心との水平距離をいいます（**図 1-6**）。

1.2 クレーンの種類

クレーンには、その用途や設置場所によってさまざまな種類があります。安衛法令では、**表 1-1** のように分類されています。

以下に、その特徴について解説します。

表 1-1　**クレーンの種類**

大分類	中分類
天井クレーン	普通型天井クレーン
	特殊型天井クレーン
ジブクレーン	ジブクレーン
	つち形クレーン
	引込みクレーン
	壁クレーン
橋形クレーン	普通型橋形クレーン
	特殊型橋形クレーン
アンローダ	橋形クレーン式アンローダ
	引込みクレーン式アンローダ
	特殊型アンローダ
ケーブルクレーン	固定ケーブルクレーン
	走行ケーブルクレーン
	橋形ケーブルクレーン
テルハ	テルハ
スタッカークレーン	スタッカー式クレーン（人荷昇降式）
	荷昇降式スタッカークレーン

1.2.1 天井クレーン

JIS には「クラブ（トロリ）、ホイスト、又は橋げたに沿って走行可能なジブクレーンからつり下げられたつり具を持つクレーン」と定義されています。

普通型天井クレーンでは、ガーダ（けた）の両端に移動台車（サドル）を備え、高架レール上を走行するものが広く使用されており、トロリ式とホイスト式があります。巻上げ、走行、横行の運動を行います。

(1)　トロリ式天井クレーン（図 1-7）

ガーダ、サドル、トロリ（荷をつってガーダ上を移動する台車）、走行装置、運

図 1-7　トロリ式天井クレーン

図 1-8　ホイスト式天井クレーン

転室などで構成されますが、最近は運転室を備えたものは減っており、床上操作式や無線操作式に入れ替えられています。つり上げ荷重が5t 以上の無線操作式クレーンの運転にはクレーン運転士免許が必要です。

(2)　ホイスト式天井クレーン

ホイスト（原動機、減速装置、ドラム等をコンパクトにまとめた巻上げ装置）を備えた天井クレーン（**図 1-8**）。ガーダにつり下げて使用するタイプのほか、ガーダ上を横行する大型のものもあります。床上操作式が一般的です。

このほか、旋回機能を有する旋回式天井クレーンや、製鉄所で使われる製鉄用天井クレーンなどの特殊型天井クレーンも使用されています。

1.2.2 ジブクレーン

つり具に必要な作業半径や高さを確保するための、クレーンの一端を支点として突き出した腕をジブ（ブーム）といいます。このジブ、またはジブに沿って走るクラブ（トロリ）からつり下げられたつり具を持つクレーンをジブクレーンといい、天井クレーンと同様に広く使用されています。

ジブクレーンは、巻上げ、引込み、ジブの起伏、旋回の運動を行うものが一般的です。以下のような種類があります。

ポイント　床上操作式クレーンや無線操作式クレーンでは、玉掛け作業とクレーン運転操作を１人の労働者が行うことが多いため、より高度な知識、技量が求められます。

図 1-9　ジブクレーン

図 1-10　つち形クレーン

図 1-11　引込みクレーン

(1)　ジブクレーン

ジブの先端からつり下げられたつり具で荷をつる形式のクレーンです（**図 1-9**）。ビル工事の現場でよく見られる、建設の進捗に伴いクレーンもせり上げられるクライミング式ジブクレーンもジブクレーンの一種です。

(2)　つち形クレーン

塔から突き出した水平ジブに沿ってトロリやホイストが横行して荷をつり上げる形式のジブクレーンです（**図 1-10**）。

(3)　引込みクレーン

ジブを起伏させて、荷を水平に移動させる引込み機構を備えたジブクレーンです（**図 1-11**）。引込み機構の違いによって分類でき、リンク機構を用いるダブルリンク式、スイングレバーを用いるスイングレバー式、巻上げロープの掛け方によって引込みを行うロープバランス式などがあります。

(4)　壁クレーン

建屋の柱や壁に取り付けられたジブクレーンで、固定された水平ジブに沿ってトロリまたはホイストが横行します（**図 1-12**）。水平ジブが旋回するものやクレーン全体が壁に沿って走行するものもあります。

豆知識　天井クレーンやジブクレーンには複数のつり具（主巻き、補巻き）を有するものがあり、つり荷の共づりやつり荷の反転作業（荷を上下に回転する作業）を１台のクレーンで行うことができます。

図 1-12　壁クレーン

図 1-13　橋形クレーン

図 1-14　アンローダ

図 1-15　ケーブルクレーン

1.2.3 橋形クレーン

脚によって軌道に支持されたガーダを持つクレーンです（**図 1-13**）。巻上げのほか、軌道上を走行し、ガーダに沿ってトロリまたはホイストが横行します。

1.2.4 アンローダ

船から、石炭や鉱石などのばら物を、バケット等により陸揚げするための専用のクレーンです（**図 1-14**）。橋形クレーン式と引込みクレーン式などがあります。

1.2.5 ケーブルクレーン

支柱の頂部に固定されたロープ（主索）が支持材となるクレーンです（**図 1-15**）。支柱の間に張り渡された主索を軌道としてトロリが横行します。支柱となる塔が走行するものもあります。ダム工事などで使用されます。

図 1-16　テルハ

1.2.6 テルハ

建屋のなかに取り付けたはり（モノレール）に沿って横行するクレーンです（**図 1-16**）。I 型鋼にホイストをつり下げただけの簡単な構造のものが多く、運動は巻上げと横行だけになります。

1.2.7 スタッカークレーン

直立したガイドフレームに沿って上下するフォークなどを持つクレーンで、一般に倉庫などの棚への荷の出入れに使用します（**図 1-17**）。運転室（運転台）が荷とともに昇降するもの、昇降しないもの、運転室を持たないものがあります。

図 1-17　スタッカークレーン

1.3 移動式クレーンの種類

移動式クレーンは「原動機を内蔵し、かつ、不特定の場所に移動させることができるクレーン」と定義されます。固定式の軌道なしに、荷をつった状態でもつらない状態でも走行できるものが多く、安定性がその質量や荷重反力点間の距離に依存するジブを有し、マスト（塔形アタッチメント）を取り付けられるものもあります。クレーン動作に油圧機構を用いるタイプと、機械式機構で行うタイプがあります。主な移動式クレーンとしては、**表1-2**のようなものがあげられます。以下に、その特徴を紹介します。

表1-2　移動式クレーンの種類

- ・トラッククレーン
- ・ホイールクレーン
- ・クローラクレーン
- ・鉄道クレーン
- ・浮きクレーン（フローティングクレーン）
- ・その他の移動式クレーン

1.3.1 トラッククレーン

下部走行体の走行部にタイヤを使用した自走クレーンで、一般に下部走行体と上部旋回体にそれぞれ運転室を持ち、走行操作を下部走行体の運転室で行うものをいいます。クレーン作業時の安定性を増すアウトリガーを備えています。

(1)　積載形トラッククレーン

トラッククレーンのうち、運転席と荷台の間に小型のクレーンを搭載したものは、積載形トラッククレーンと呼ばれます（**図1-18**）。つり上げ荷重は3t未満のものが多く、走行用の原動機（エンジン）から動力を取り出してクレーン装置を作動させます。

(2)　オールテレーンクレーン

不整地での走行にも対応した3軸（6輪）以上の走行用台車の上にクレーン旋回体を搭載したものをオールテレーンクレーンと呼んでいます（**図1-19**）。

豆知識　移動式クレーンの動力には、ディーゼルエンジン、ガソリンエンジン、電動機などが使われており、駆動方式の種類には油圧式、機械式、電気式などがあります。

図 1-18　積載形トラッククレーン

図 1-19　オールテレーンクレーン

図 1-20　ホイールクレーン

図 1-21　クローラクレーン

1.3.2 ホイールクレーン

タイヤで走行する自走クレーンで、1つの運転室と原動機を有します。1つの運転席で走行操作とクレーン操作を行い、1つの原動機（エンジン）で走行・クレーン動作をまかないます。最近多く使用されているラフテレーンクレーン等もホイールクレーンに分類されます（**図 1-20**）。

1.3.3 クローラクレーン

タイヤのかわりにクローラ（覆帯、キャタピラ）で走行する移動式クレーンです（**図 1-21**）。不整地路面や軟弱地盤でも走行できる特徴があります。

1.3.4 鉄道クレーン

鉄道レール上を走行する台車にクレーン装置（旋回体）を搭載した移動式クレーンです（図1-22）。鉄道関係の工事や事故対応、貨物の積下し等に使用されています。

1.3.5 浮きクレーン（フローティングクレーン）

水上で用いるクレーンで、台船上にクレーン装置を取り付けたものです（図1-23）。ジブが起伏するものと起伏できないもの、旋回するものとできないものなど、いくつかの種類があります。また、水上を自ら移動できる自航式と、タグボート等により曳船し移動する非自航式に分けられます。

1.3.6 クレーン機能を備えたドラグ・ショベル

ドラグ・ショベル（油圧ショベル）にフックや安全装置などのクレーン機能を搭載したものです。バケットに荷をつるための専用フックが取り付けられており、クレーン作業と掘削作業を選択して行うことができます。運転席のスイッチをクレーンモードに切り替えることにより、運転速度が自動的に遅くなります。

図1-22　鉄道クレーン

図1-23　浮きクレーン

豆知識　クレーン機能を備えたドラグ・ショベル（クレーン機能付き油圧ショベル）で掘削作業を行うには車両系建設機械運転技能講習の修了が、クレーン作業を行う際には小型移動式クレーン運転技能講習の修了等が必要です。

1.4 デリックの種類

デリックはマストクレーンともいい、JISでは「頂部と底部を支持された垂直マストの下部にヒンジ継手によって取り付けられたジブ（ブーム）を持つ旋回クレーン」と定義されています。ブームは起伏、旋回等の運動をしますが、走行・横行等の移動はできません。荷の巻上げ等は、別置きされているウインチで行います。

1.4.1 ガイデリック

マストの頂部が6本以上のガイロープで支えられたデリックです。ブームはマスト下部に結合され、起伏、旋回等の運動を、本体から離れた位置にあるウインチとワイヤロープで行います。

1.4.2 スチフレッグデリック（三脚デリック）

マストの頂部が剛的に2本のブレース（ステー）で支えられたデリックです（**図1-24**）。ブームはマスト下部に結合され、本体から離れたウインチ等で作動させることなどは、ガイデリックと同様です。

1.4.3 鳥居形デリックとジンポールデリック

鳥居形デリックは、2本のマストを鳥居形に横ばりでつないでガイロープで支持し、別置きのウインチとワイヤロープで巻上げ・起伏を行うものです。一方、ジンポールデリックは、1本のマストの頂部を3本のガイロープで支え、その先端から荷の巻上げだけを行う、もっとも簡易な構造のデリックです。巻き上げは別置きのウインチとワイヤロープで行います。

図1-24　スチフレッグデリック

1.5 揚貨装置の種類

荷積み・荷降ろしのため、船舶に取り付けられたクレーンやデリックを、揚貨装置といいます。その構造や形状により、デリック形式、ジブクレーン形式、橋形クレーン形式に分類されます。

このうちデリック形式はよく見られる形式の揚貨装置で、マストとブーム、ウインチなどで構成されています（**図 1-25**）。2本のブームを有するものと、1本だけのブームを有するものがあります。

ジブクレーン形式はジブクレーンを船舶に取り付けたもので、多くの船舶に搭載されています。

橋形クレーン形式は甲板上に2本のレールを敷き、そこに橋形クレーンを据え付けたものです。

図 1-25　デリック形式の揚貨装置を搭載した貨物船

1.6 クレーン等の安全装置とブレーキ

1.6.1 安全装置

クレーン等は、あらかじめ定められた能力・条件を超えて運転してしまった場合に、自動的に運転の停止、警報の発報などを行う安全装置の搭載と、その機能の保持が求められています。その主なものを紹介します。

(1) 巻過防止装置

つり具の巻上げ時に、上限を超えて巻き過ぎてしまうと、つり具が上部にある部品と衝突して破損したり、ワイヤロープを切断するおそれがあります。そこで、巻上げ用ワイヤロープや起伏用ワイヤロープを巻き上げる際、定められた上限で自動的に運転を停止させる装置が、巻過防止装置です。

巻過防止装置には、重錘（おもり）を使ってリミットスイッチを動作させる重錘形リミットスイッチ（**図 1-26**）、長ねじで位置検出するねじ形リミットスイッチ（**図 1-27**）、

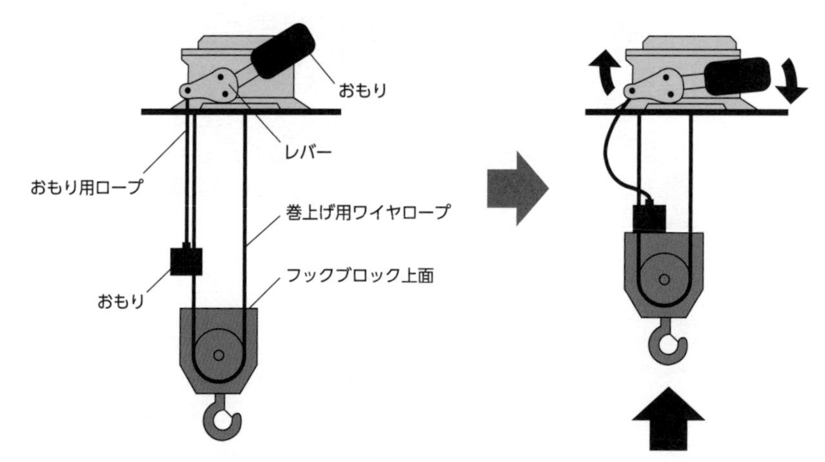

図 1-26　**重錘形リミットスイッチ**

豆知識　巻過防止装置についてはクレーン則第 18 条およびクレーン構造規格に、巻過警報装置については、クレーン則第 19 条に規定されています。なお、JIS B 0148 等では「過巻防止装置」との名称が使われています。

円板状のカム板を用いるカム形リミットスイッチなどの種類があります。

また、巻過ぎ発生時に警報音で警告する巻過警報装置もあり、巻過防止装置を具備していないクレーンに取り付けられています。

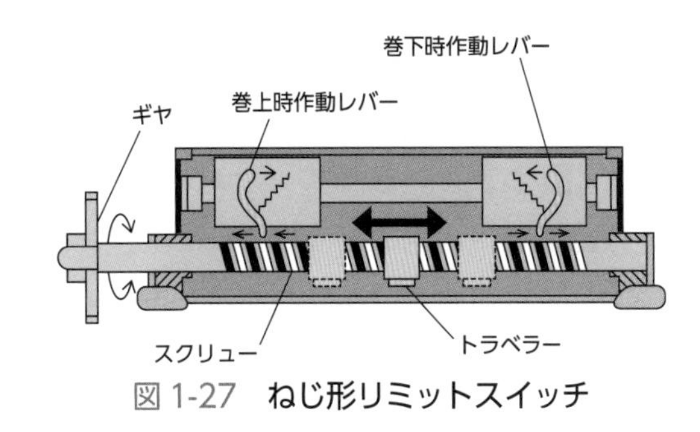

図 1-27　ねじ形リミットスイッチ

(2)　過負荷防止装置

つり上げ荷重が 3t 以上のジブクレーンや移動式クレーンで、つり荷が定格荷重を超えた場合に、直ちに作動を停止させる装置または定格荷重を超える前に警報を発する装置です（**図 1-28**）。

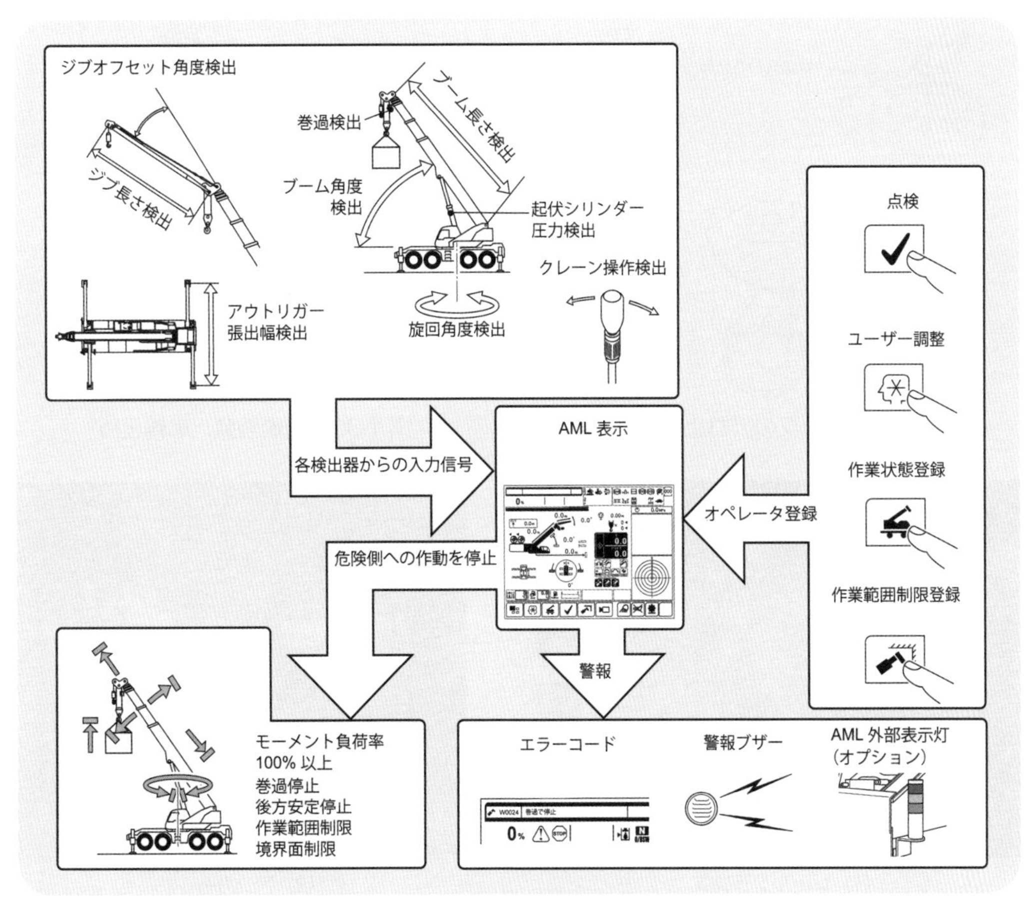

図 1-28　過負荷防止装置（AML）の例

ポイント　安全装置と言っても故障することがあります。作業終了時にフックを巻き上げる動作を、巻過防止装置を頼りに行ってはいけません。

(3) 外れ止め装置

玉掛け用ワイヤロープなどが、フックから外れてしまうことを防止する装置です（**図1-29**）。ばね式、ウエイト式などの種類があり、フックの開口部をふさぐように取り付けられます。

(4) 横行・走行の緩衝装置、車輪止め（図1-30）

軌道レール上を走行するクレーン本体や、トロリ、ホイストなどがレールから走り出るのを防ぐために、レール端に設けられた突起を車輪止めといいます。また、車輪止め等に当たる際の衝撃を吸収して破損を防ぐ緩衝装置も取り付けられています。

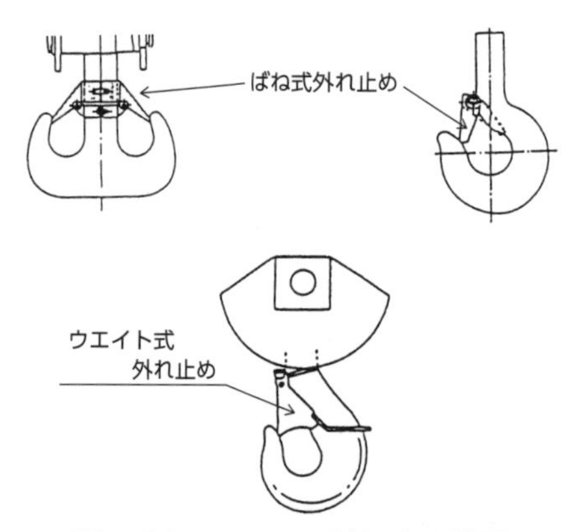

図1-29　フックの外れ止め装置

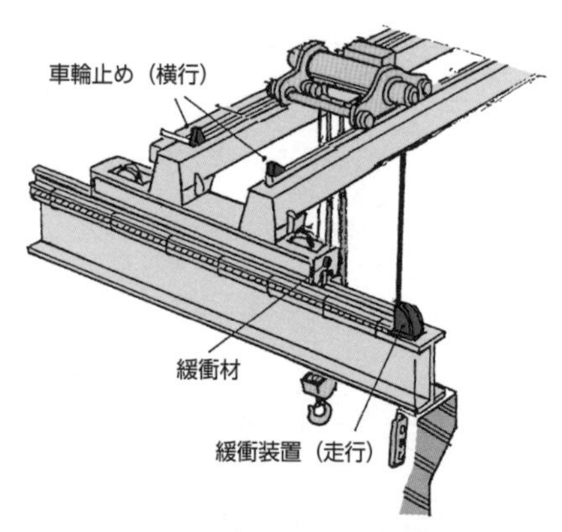

図1-30　緩衝装置、車輪止め

(1) レールクランプ

(2) アンカー

図1-31　逸走防止装置

豆知識 外れ止め装置についてはクレーン則第20条の2、第66条の3で、逸走防止装置については同則第31条により使用が義務づけられています。

(5)　逸走防止装置

橋形クレーンやジブクレーンなどで屋外に設置されたものが、強風などにより逸走することを防ぐための装置です。レールを挟んで固定するレールクランプ（**図 1-31**（1））や、鉄板を溝に落とし込んで固定するアンカー（**図 1-31**（2））などがあります。

1.6.2 ブレーキ

ブレーキは、運動している機械を制動して速度を制御し、停止させ、停止状態を保持する装置です。クレーン等に搭載されているブレーキには、動力を切ると自動的に作動する自動ブレーキがあり、巻上げ装置や起伏装置などに用いられています。

横行、走行、旋回などの装置には、人力による足踏みブレーキまたは自動ブレーキが使われますが、なかにはブレーキを備えていないものもあります。

1.6.3 アウトリガー

移動式クレーンには、本体の支持間隔を増大させ、クレーン作業中の安定を確保するためにアウトリガーが備えられているものが多くなっています。作業の際には外側に張り出してから作業を始めます。H 型と X 型があり、よく見かける積載形トラッククレーンでは H 型が一般的になっています（**図 1-32**）。

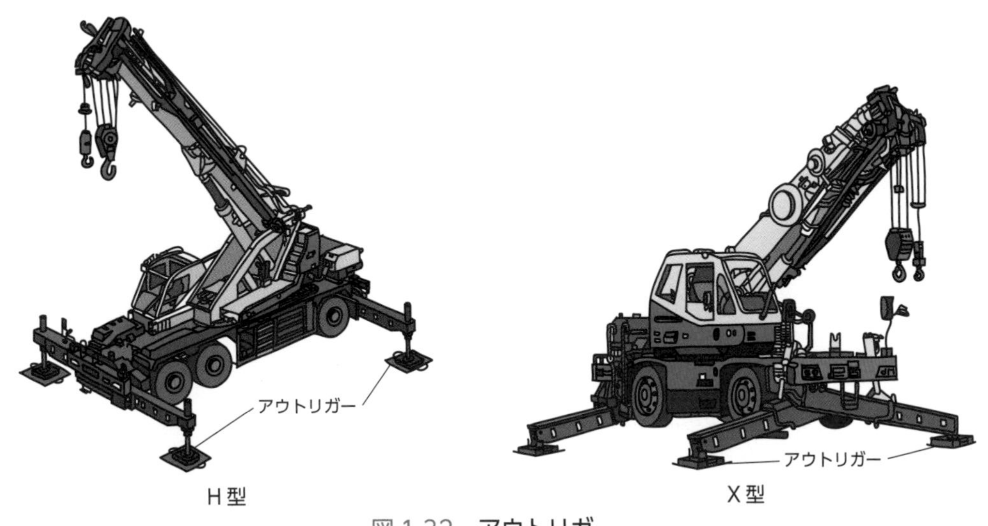

図 1-32　アウトリガー

1.7 つり具

つり具は、巻上げ用ワイヤロープ等に組み込まれてクレーンに装備され、荷をつり上げるために用いられる用具です。つり具は取り外すことができず、この点が玉掛用具とは異なります。

通常はつり具にはフックブロック（フック）が用いられます。つり上げ荷重の小さいクレーン等では片フックが、大きなものでは両フックが使用されています（**図1-33**）。

片フック

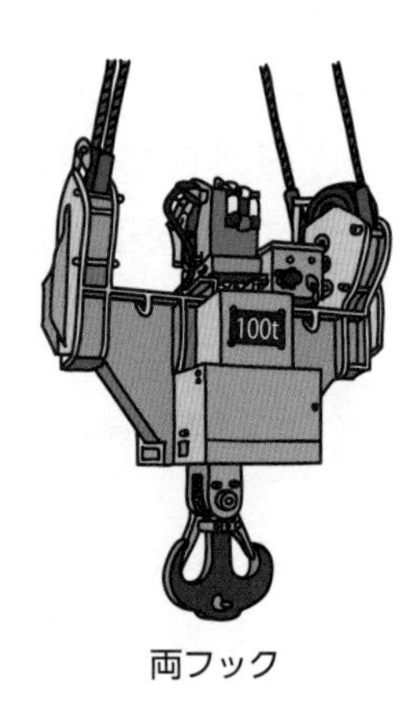

両フック

図1-33　**つり具**

豆知識　つり具には、荷をつること以外に、無負荷時にもワイヤロープに張力をかけておく役割があります。そうすることで、巻下げの円滑化やワイヤロープの乱巻防止を図るのです。

第2章

玉掛けに必要な力学に関する知識

本章のポイント

- 力とは何か、質量とは何か、といった力学の基礎を学ぶとともに、玉掛けを行ううえで欠かせない重心についての知識を身につけます。
- 物体の運動や速度について学びます。
- 荷重や応力など材料の強さを考えるうえで必要となる知識を身につけるとともに、安全係数についても理解します。

2.1 力

おもりのついた細いひもを**図 2-1** のように指先につるすと、おもりは、まっすぐにつり下がり、手はおもりの重さで下方にひかれます。また、そのおもりの重さを変えると、手はちがった強さを感じます。この手に感じる強さを、力学上では「力」といいます。

この力には、大きさ、方向および作用点の3つの要素があり、これを「力の3要素」といいます。この要素をひもとおもりの例でいえば、力の方向はおもりをまっすぐにつるしたひもの向きであり、力の大きさは指に感じた強さであり、力の作用点はひもをつけた指になります。すなわち、力は手の指を作用点として、ひもの方向に、おもりとひもの重量に等しい合計の大きさで働いたということなのです。

この力は、1kg の質量を持つ物体に $1\mathrm{m/s^2}$ の加速度を生じさせる力の大きさを 1N（ニュートン）と定め、これを単位としています。1N を基本単位で表すと $1\mathrm{N} = 1\mathrm{kg \cdot m/s^2}$ となります。

力を図で表す方法は、**図 2-2** で示すように、力の作用点 A から、力の方向に線分 AB を描き、B 点に矢印をつけて力の向きを示し、AB の長さを力の大きさに比例した長さにとります。例えば、1N を 1cm の長さで表せば、5cm の長さは 5N ということになります。この直線 AB を「力の作用線」といいます。

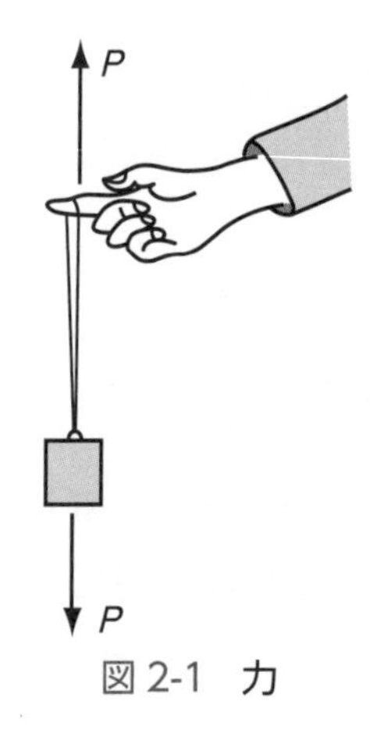

図 2-1　力

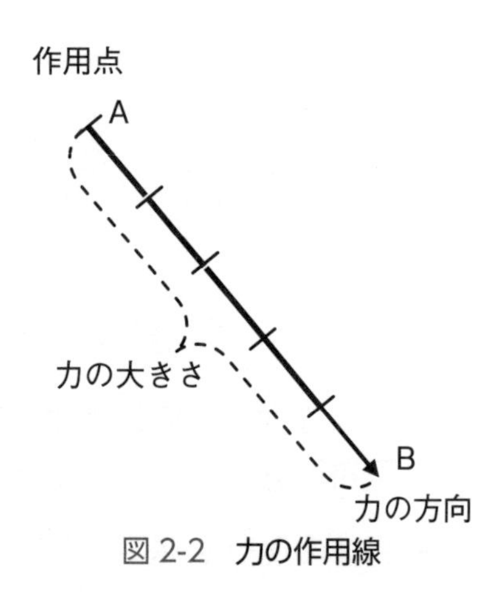

図 2-2　力の作用線

豆知識　以前に使われていた力の単位 kgf を N に換算するには、1kgf = 9.8N を用います。

2.1.1 力の合成と分解

(1) 力の合成

物体に2つ以上の力が作用しているときには、その2つ以上の力を、それとまったく同じ効果を持つ1つの力に置き換えることができます。この置き換えられた1つの力を、前の2つ以上の力の「合力」といい、その合力に対し、前に物体に作用していた2つ以上の力をそれぞれ「分力」といいます。

このように、いくつかの力の合力を求めることを「力の合成」といいます。**図2-3**のように、力の大きさと向きの異なった2つの力 P_1 と P_2 とがO点に作用するときの合力は P_1、P_2 を2辺とする平行四辺形の対角線OCとして、その大きさおよび向きを求めることができ、これを「力の平行四辺形の法則」といいます。**図2-4**のように1点に3つ以上の力（$P_1 \sim P_4$）が作用している場合の合力（R）も、上述の方法を繰り返すことによって求めることができます。

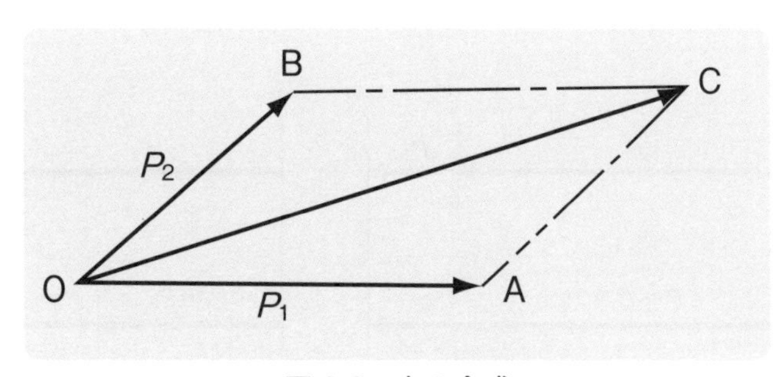

図2-3　**力の合成**

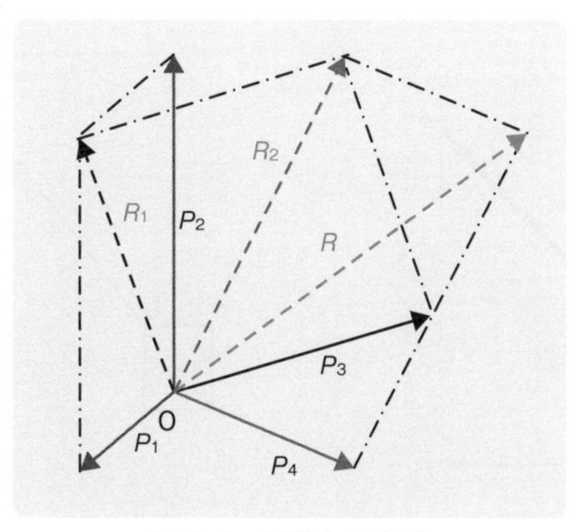

図2-4　**多数力の合成**

図2-5のように、2つの力が一直線上に作用するときは、この合力の大きさPは、それらの和（同方向の力）または差（反対方向の力）で示されます。

(2)　力の分解

力の平行四辺形の法則を利用して、1つの力を互いにある角度をなす2つ以上の力に分けることもできます。例えば、**図2-6**の力Pは、力P_1とP_2とに分けられます。

このように、1つの力を互いにある角度をなす2つ以上の力に分けることを「力の分解」といいます。

(3)　平行力の合成

物体に作用する2つの平行した力の合力を求める場合を考えてみましょう。

物体上のA点およびB点にそれぞれ平行な力P_1とP_2が作用しています。いま**図2-7**のように、向きが反対で大きさの相等しい力P_3、$-P_3$をそれぞれA点とB点に作用したと仮定しても、合力は0となるため物体に与える効果は変わりはありません。そこで、P_1とP_3および、P_2と$-P_3$の合力をそれぞれP_1'およびP_2'

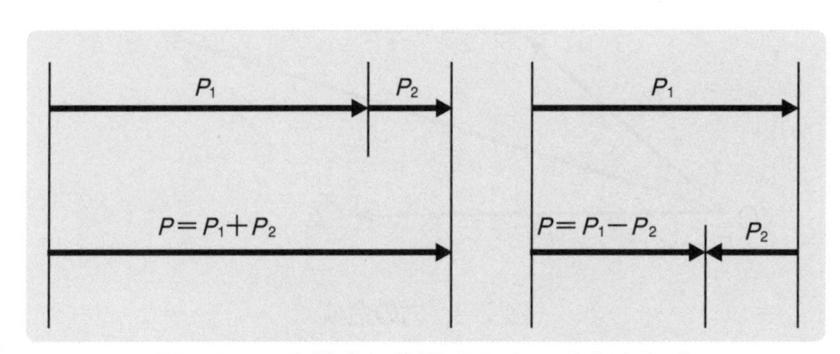

図2-5　一直線上に作用する2つの力の合成

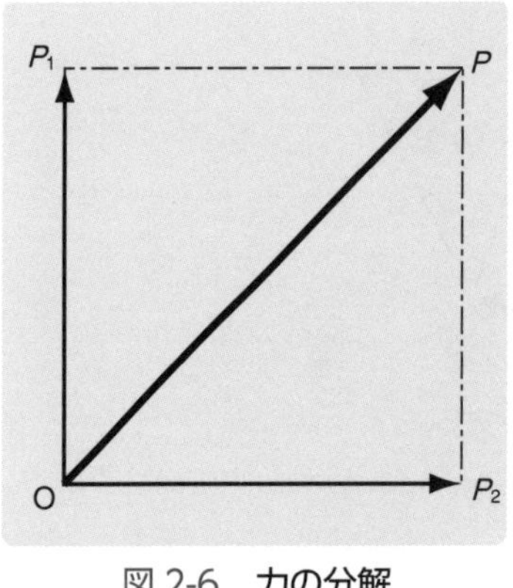

図2-6　力の分解

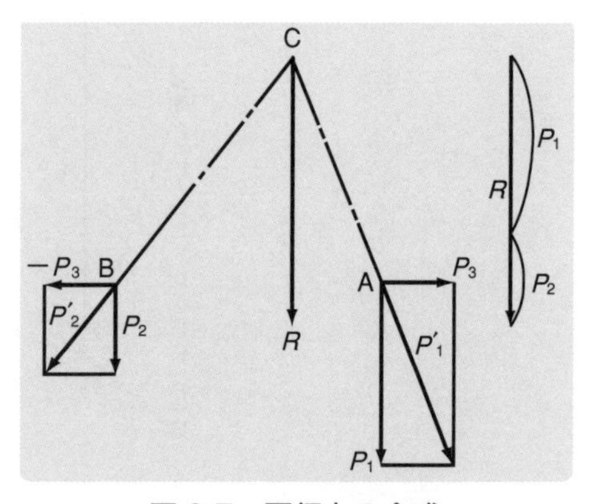

図2-7　平行力の合成

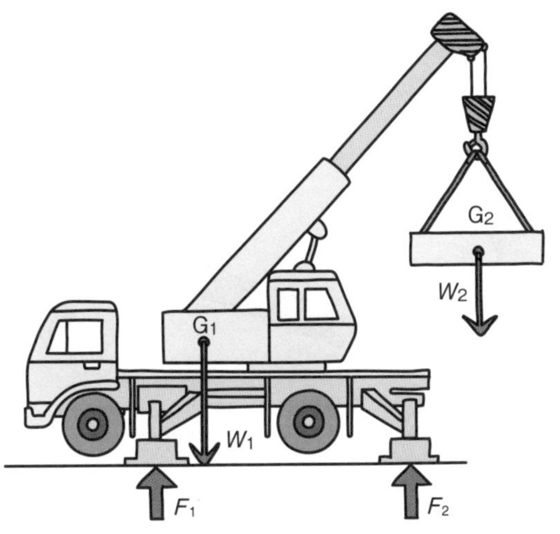

図 2-8　移動式クレーンに働く力

とし、さらに P_1' と P_2' の合力 R を求めると、R は P_1 と P_2 の合力となります。物体に作用する2つの平行した力の合力は、大きさはその和であり、方向は2つの力に平行なのです。

移動式クレーンが荷物をつり上げて静止している場合を考えてみましょう。

すなわち、移動式クレーン自体の質量による重力 W_1 は、その重心 G_1 を作用点として、鉛直に働いています。また、つり上げられた荷物の質量による重力 W_2 も、同じくその荷物の重心 G_2 を作用点として、鉛直に働いています。この2つの力は、平行した同じ方向の力であって、この合成された力が移動式クレーンのアウトリガーからの反力（F_1、F_2）と等しくなり、力のつり合い（後述）がとれています（**図 2-8**）。

2.1.2 力のモーメント

ナットをスパナで締めるとき、スパナの柄の端に近いところを持って締めた方が同じ強さの力でもよく締まります。また、力を加える方向がスパナに直角のときに最大になります。てこで物を起こす場合は、長い棒を使って、物の方にできるだけ支え物を近づけ、手もとを長くして起こした方が、より大きな力がでるものです（**図 2-9**）。このことは、スパナに力を加えた作用点と柄の長さ、およびてこの場合の手もとの棒の長さに関係があるからです。

いま、**図 2-10** において1つの力 P の方向を AP とし、ある点 O よりこれに垂直

図 2-9　てこ

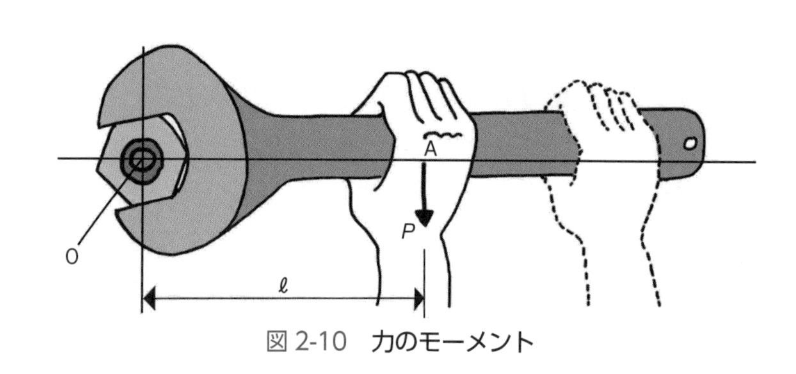

図 2-10　力のモーメント

線 OA を引き、その長さを ℓ とすれば、力 P が O 点に対して回転運動を与えようとする作用は、力 P と ℓ なる長さの積 $P\ell$ をもって表されます。このかけ合わせた $P\ell$ を力 P の点 O に対する「モーメント」といいます。

すなわち「モーメント」とは、力と距離との積であって、その単位は N・m、kN・m などで表されます。

トラッククレーンについて、このモーメントを考えてみましょう（**図 2-11**）。いま、トラッククレーンが質量 $m_2$kg の荷物をつり上げているとします。トラッククレーン自体の質量を $m_1$kg とすれば、その質量はトラッククレーンの重心（または質量中心）G_1 にかかっているとみてよいので、その重心 G_1 からトラッククレーンの前輪までの距離を ℓ_1m とすれば、前輪に対するトラッククレーン自体のモーメントは $9.8m_1\ell_1$N・m（注）です。一方、つり荷のモーメントは、つり荷の重心から垂線を下ろし、前輪ま

（注）9．8は重力の加速度（m／S²）であり、ここでは物体の質量（kg）を荷重（N）に換算するための係数です。

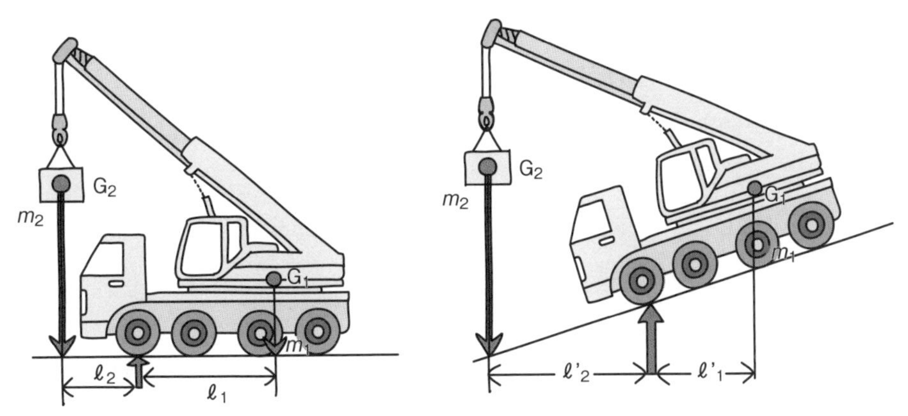

図 2-11　路面が平坦な場合と傾斜がある場合の安定

での水平距離を求めてℓ_2m とすると、前輪に対するつり荷のモーメントは$9.8m_2\ell_2$ N・m です。

したがって、トラッククレーンが前に倒れることのないようにするためには、次の不等式を満足することが必要です。

$$9.8m_1\ell_1 > 9.8m_2\ell_2 \quad \text{または} \quad \frac{9.8m_1\ell_1}{9.8m_2\ell_2} > 1$$

すなわち、$9.8m_2\ell_2$は常に$9.8m_1\ell_1$より小さくなければ、そのトラッククレーンは運転できません。さらに、傾斜地でトラッククレーンが作業を行おうとすると、重心の高さによって、ℓ'_1：ℓ'_2の長さの比が変わるので、モーメントの値が変わり、転倒しやすい状態になります。この場合、

$$9.8m_1\ell'_1 > 9.8m_2\ell'_2 \quad \text{または} \quad \frac{9.8m_1\ell'_1}{9.8m_2\ell'_2} > 1$$

でなければなりません。

2.1.3 力のつり合い

運動会の綱引きのとき、両方の組の力が等しいときは、綱の中心点は左右のいずれにも移動しません。

おもりのひもを天井のはりに結びつけてつるすと、おもりはまっすぐに下方につるされて止まります。

この場合、おもりは重力でひもを下方に引っ張っていますが、天井のはりは、そ

の重力の方向と正反対の同じ強さの力で、ひもを引っ張っているからです。綱引きの場合でも同様に、綱には力が加えられていますが、綱の中心を境にして、全く等しい正反対の力が働き合うときは、その中心点は動かないのです。これらを「力のつり合い」状態にあるといいます。

物体に力が作用していて、その物体が等速直線運動を続けている間においても、力がつり合っているといいます。

(1)　1点に作用する力のつり合い

1物体に、多数の力が同時に働くときには、それらの力の合力が働いた場合と同じです。

例えば、**図2-12**のように、7、8、6、10Nの4つの力が物体の1点に働くときは、AB (8N)、BC (7N)、CD (10N)、DE (6N) と描いて、最後にAとEを結べば、そのAEは4つの力の合力であり、その向きはAEの方向となります。すなわち、4つの力が同時に働くときと合力AEが働くのとはまったく同じであるので、これと大きさが同じで、方向は逆の力（図2-12左図の点線の力(5)）が作用すると物体は移動しません。このような場合に、それらの力は「つり合っている」というのです。

もしも、はじめの点Aと終わりの点Eとが重なって、AEが0となれば、合力は0であって、その結果は力が少しも働かないときと同じ状態になってしまいます。

(2)　回転力のつり合い

天びん棒で荷を担ぐ場合、両方の荷の重さが等しいときは天びん棒の中央を担ぎますが、荷の重さが異なると重い荷の方を肩に近寄せるとうまく担げます。これはモーメントをつり合わせるための工夫なのです。

すべての正のモーメントの合計がすべての負のモーメントの合計に等しいとき、すなわち、物体に作用するすべての力のモーメントの和（代数和）が0に等しいときは、回転の軸を持つ物体はつり合っているといえます。

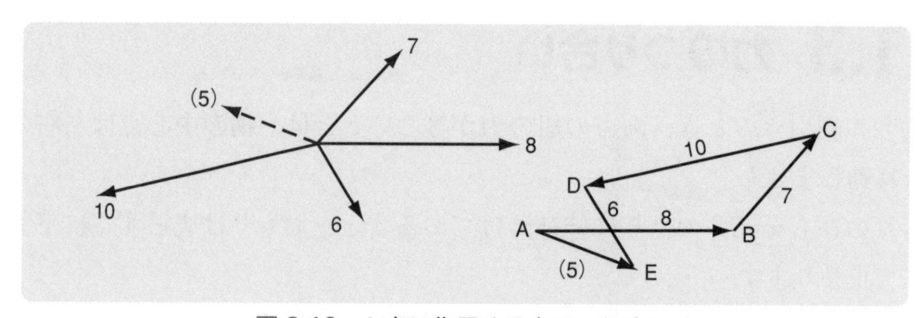

図2-12　1点に作用する力のつり合い

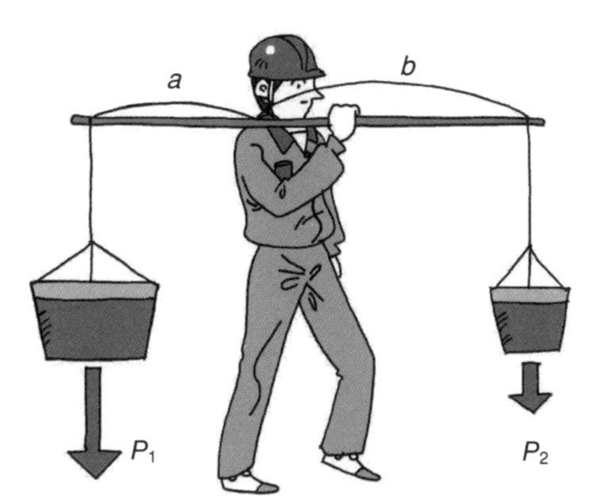

図 2-13　天びん棒でのつり合い

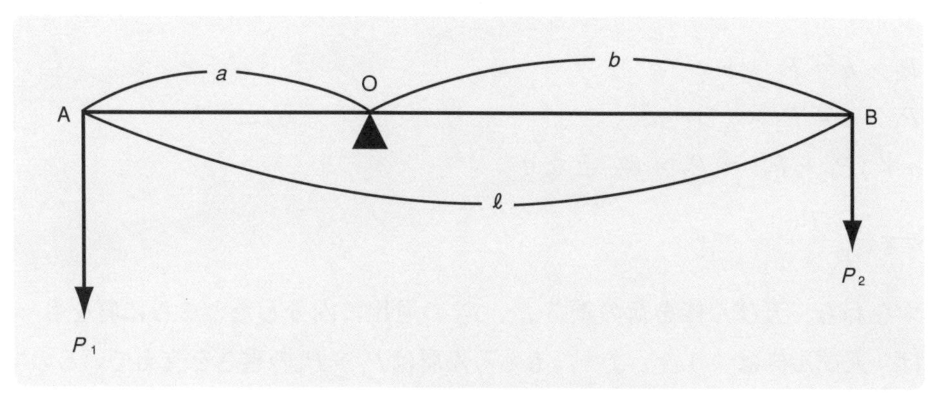

図 2-14　天びん棒がつり合う条件

図 2-13 において、肩を軸とする力のモーメントを考えてみましょう。いま、荷の重さをそれぞれ P_1、P_2、荷を下げた点と肩との水平距離をそれぞれ a、b とすれば、

左側のモーメントは $M_1 = -P_1 \times a$

右側のモーメントは $M_2 = P_2 \times b$

この力関係を図示すると **図 2-14** になります。O 点のまわりのモーメントのつり合いの条件から、

$M_1 + M_2 = 0$

$-P_1 \times a + P_2 \times b = 0$

ポイント

「正のモーメント」とは時計の針のような右回りのモーメントをいい、その逆で左回りのモーメントを「負のモーメント」といいます。

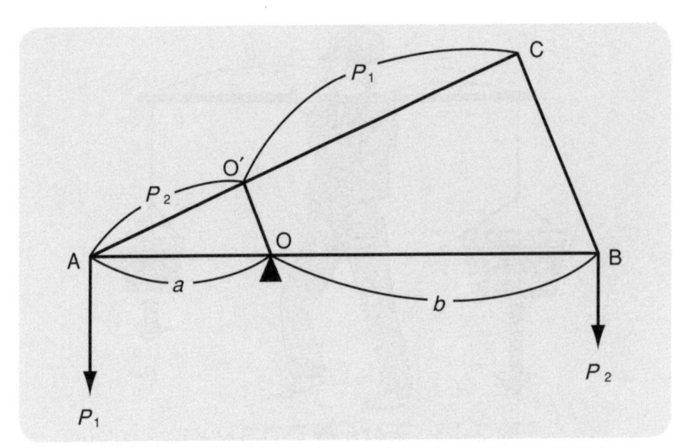

図 2-15　天びん棒がつり合う点を求める図式

$$P_1 \times a = P_2 \times b$$
$$P_1 \times a = P_2 \times (\ell - a)$$
$$a \times (P_1 + P_2) = P_2 \times \ell \quad \text{となり}$$
$$a = \frac{P_2}{P_1 + P_2} \times \ell$$

すなわち、天びん棒を荷の重さ P_1、P_2 の逆比に内分したところに肩をもってくれば、天びん棒はつり合います。もちろん肩は $P_1 + P_2$ の重さを支えているのです。

例えば、天びん棒の前の重さ（P_2）を 196N（20kg × 9.8m/s^2）、後ろの重さ（P_1）を 392N（40kg × 9.8m/s^2）とすると、2m の天びん棒の場合、

$$a = \frac{196\text{N}}{392\text{N} + 196\text{N}} \times 2 \fallingdotseq 0.67$$

となり、左端 A 点から 0.67m の位置で担げば天びん棒はつり合うことになります。

図 2-15 は、天びん棒 AB を荷の重さ P_1、P_2 の逆比に内分する点、すなわち、つり合う点を図式で求める方法を示したものです。

まず、B から任意に直線 BC を引き、点 A と点 C を結びます。次に直線 AC を $P_1 : P_2$ = CO’：AO’ となる点 O’ を求め、O’ から直線 BC に平行な直線 O’O を引き天びん棒 AB と交わる点を O とします。この点 O がつり合う点になるのです。

(3)　平面上にある多数の力のつり合い

1つの平面上において物体に多数の力が作用してこれがつり合っているとすれば、物体は静止しています。このような場合、すべての力の合力は 0 であり、任意の 1 点を軸とするすべてのモーメントの合計も 0 になります。

2.2 質量・重さおよび重心

2.2.1 質量・重さ

(1) 質　量

同一の物体を地球上で持った場合と月面上で持った場合では、手に感じる重さは異なりますが、物体の量は変化しません。このように場所が変わっても変化しない物体そのものの量を「質量」といいます。

質量の単位は、キログラム (kg)、トン (t) 等で表します。**表 2-1** は、いろいろな材質の物の単位体積当たりの質量のおおよその値を示しています。

この表を利用すれば、その物体が均質であって、その体積 V がわかっている場合には、次の計算式により質量 W を知ることができます (**表 2-2**)。

質量 W (t) = 1m^3 当たりの質量 (t/m^3) ×体積 V (m^3)

(2) 重　さ

手に持った物体の重さを感じるのは、地球の引力により物体が地球の中心に向かって引っ張られるからです。地球上で感じる物体の重さは、その物体に重力の加速度が作用することによって生じる地球の中心に向かう力であり、その単位は、ニュートン (N)、キロニュートン (kN) で表します。

質量 1kg の物体の重力の加速度 (9.8m/s^2) のもとでの重さは、

1 (kg) × 9.8 (m/s^2) = 9.8N

表 2-1　種々の物の単位体積質量表

物の種類	1 m^{3}当たり質量 (t)	物の種類	1 m^{3}当たり質量 (t)	物の種類	1 m^{3}当たり質量 (t)
鉛	11.4	アルミニウム	2.7	あかがし	0.9
銅	8.9	粘土	2.6	けやき	0.7
鋼	7.8	コンクリート	2.3	くり	0.6
すず	7.3	土	2.0	まつ	0.5
鋳鉄	7.2	砂	1.8	杉	0.4
亜鉛	7.1	礫	1.7	ひのき	0.4
銑鉄	7.0	コークス	0.5	きり	0.3

注）木材の質量は気乾質量、粘土、コークスは見かけ単位質量。

表 2-2　体積の計算式

物体の形状		体積計算式
名称	図形	
直方体	高さ 横 縦	縦×横×高さ
円柱	半径 高さ	π×(半径)^2×高さ
球	半径	$\frac{4}{3}$×π×(半径)^3
円すい体	高さ 半径	$\frac{1}{3}$×π×(半径)^2×高さ

π：円周率（3.14）

となり、例えば質量 Wkg の物体の重さは 9.8WN となります。

(3) 荷　重

「荷重」は、本来は力を意味する用語です。したがって、荷重の単位はニュートン (N)、キロニュートン (kN) で表します。例えば、「引張荷重」や「衝撃荷重」等は、力を示しており、単位はニュートン (N)、キロニュートン (kN) を用います。

ただし、法令等の中では、「定格荷重」や「つり上げ荷重」等のように、質量を表すものであっても「○○荷重」という用語を用いている場合もあるので、注意が必要です。

(4) 比　重

物体の質量と、その物体と同体積の 4℃の純水の質量との比を、その物体の比重といいます。

4℃の純水の質量は、1L のとき 1kg、1m^3 のときは 1t ですから、**表 2-1** の単位体積質量表は、同じ体積ならば水に比べて何倍になるかを示していることになります。

2.2.2 重 心

(1) 重心または質量中心

物体の各部に働いている重力が、見かけ上そこに集まって作用する点をその物体の「重心（または質量中心）」といいます。

例えば、均質な棒ではその中心、一定厚さの円板では円の中心にこのような点があるので、棒や円板の重さと等しい力でそこを支えると棒や板は水平に安定します。また、物体を宙につるすと、つるした点から引いた垂直線上に、重心がきて物体は静止するのです。

したがって、物体の重心の位置Gは、その物体を別々な点でつるしたときの垂直線の交わる点で求めることができます（**図 2-16**）。なお、物体の形状によっては重心が物体の外部にあることもあります（**図 2-17**）。

(2) 図式計算による重心（または質量中心）位置の求め方

図 2-18 に示す形状の重心位置を図式計算によって求めるには、物体のⅠの部分とⅡの部分の重心をそれぞれ G_1、G_2、質量を 2kg、5kg とすれば、G_1 から、任意の直線 G_1B を引き、G_1B 線上に質量の逆比、すなわち 5：2 に内分する点 A を求め、BG_2 線に平行な直線 AG を引き、G_1 と G_2 を結ぶ線上の交点を G とします。このGが求める物体の重心位置です。

(3) 数式による重心位置の求め方

図 2-18 のように組み合わされた物体の重心Gは、Ⅰの部分の重心とⅡの部分の重心を通る直線を AB とすれば、この AB 線上にあります（**図 2-19**）。いまⅠの部分の重心を G_1、Ⅱの部分の重心を G_2 とすれば、G_1、G_2 にはそれぞれの部分の

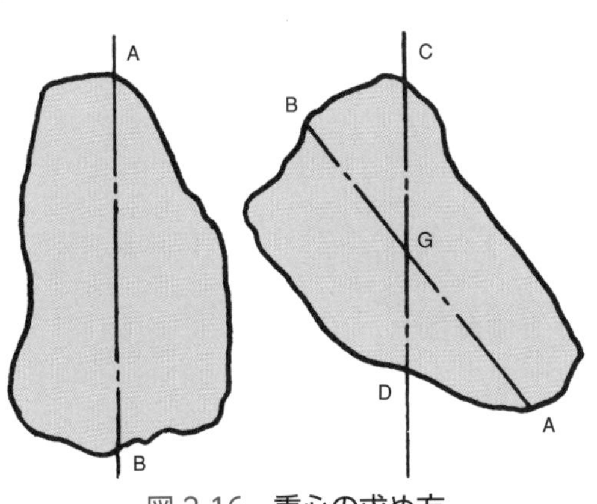

図 2-16　重心の求め方

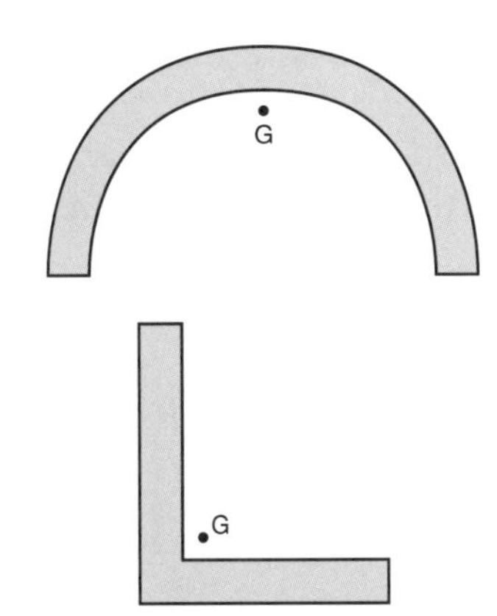

図 2-17　重心が物体の外部にある場合

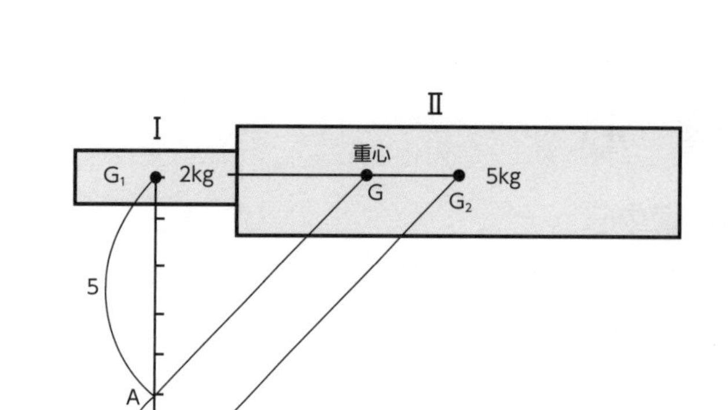

図 2-18　重心の図式計算

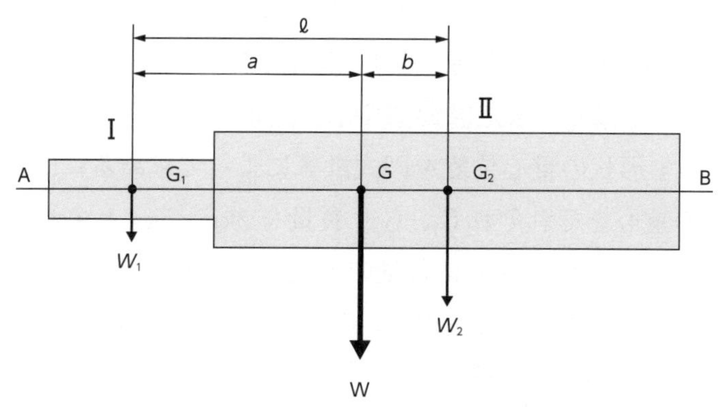

図 2-19　重心の数式計算

荷重 W_1、W_2 が集中していると考えられるから、この G_1、G_2 に作用する重力のつり合い点 G を求めれば、G が求める全体の重心位置です。

モーメントのつり合いにより、

$$W_1 \times a = W_2 \times b$$

$b = \ell - a$ により、

$$W_1 \times a = W_2 \times (\ell - a)$$

$$a = \frac{W_2}{W_1 + W_2} \times \ell \qquad b = \frac{W_1}{W_1 + W_2} \times \ell$$

いま、$W_1 = 30\text{N}$、$W_2 = 70\text{N}$、$\ell = 10\text{cm}$ とすれば、

$$a = \frac{70}{30 + 70} \times 10 = 7\text{cm} \qquad b = \frac{30}{30 + 70} \times 10 = 3\text{cm}$$

となります。

2.2.3 物の安定（すわり）

静止している物体を少し傾けて手を離したときに、物体が元に戻ろうとするならばその物体は「安定」（すわりがよい）しており、さらに傾きが大きくなるならばその物体は「不安定」（すわりが悪い）であるといえます。また、そのままの状態で静止するときは「中立」であるといいます。

(1) 安定の条件

図 2-20 のように、物体を点 A を支点として少し傾けたとき、物体の重心（または質量中心）は、G_1 から G_2 に移ります。このとき、物体には、A 点に対して物体の重量 W と、重心の A 点に対する水平距離 ℓ_2 に対応したモーメント $W\ell_2$ が働くようになります。

図(ア)においては、少し傾けたとき、重心 G_1 は G_2 に移りますが、元の位置より高くなっており、また、A 点の垂直線上（この位置で重心の位置は最高になり、この線を超えると倒れるようになる）に重心が移るまでには傾きに余裕のあること、これに反して、図(イ)では、少し傾けただけでも、重心の位置は A 点の垂直線上を越えてしまい、かつ、元の位置より低くなっていることがわかります。これは物

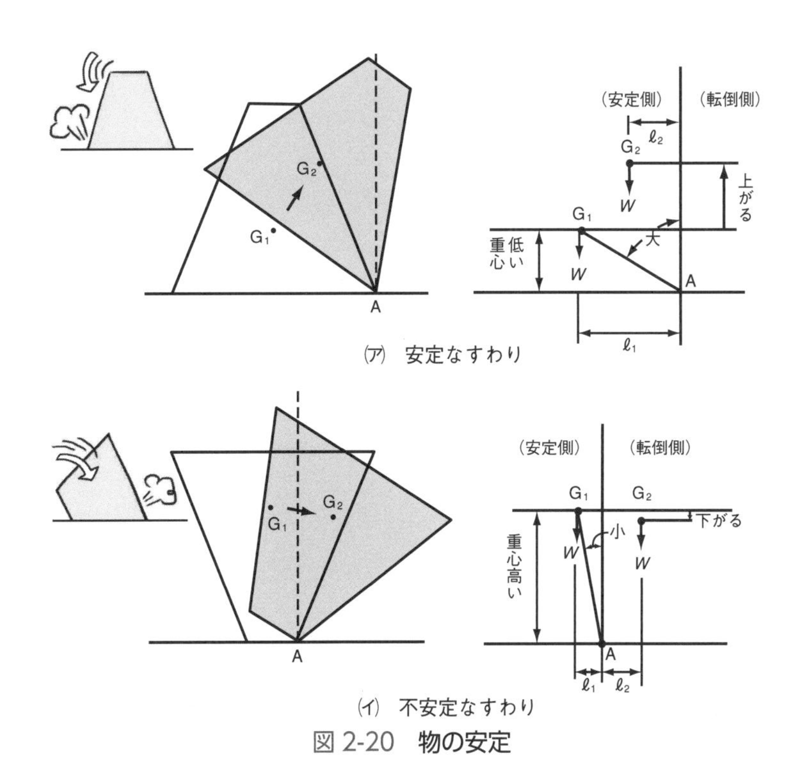

(ア) 安定なすわり

(イ) 不安定なすわり

図 2-20 物の安定

体の底面積の大小、重心の高低の相違によって決まることです。

このモーメントは図(ア)においては物体を元（安定側）に戻そうとするよう働くので物体は安定し、図(イ)では物体をますます傾けるよう（転倒側）に働くので物体は不安定となります。物体を少し傾けたとき、安定させる側にモーメントが生ずるときは安定しており、転倒させる側にモーメントが生ずるときには不安定なのです。

また、物体の安定は、図(ア)と図(イ)を比べてわかるとおり、①底面積が広く、②重心が低いほどよいということになるのです。

2.3 物体の運動

2.3.1 速　度

(1) 位置と静止と運動

宇宙にあるすべての物体は、位置を有しています。その位置を変えないときは、その物体は静止しているといいます。その位置を変えるときは、その物体は運動しているといいます。

例えば、電車や船の中に座っている人について考えてみると、電車と船に対しては静止しているが、大地や海に対しては運動していることになります。このように、運動には必ず基準になる対象があり、この対象となる物を何にとるかによって、ある物体が運動しているか否か、またどんな運動をしているかが明らかにされます。したがって運動はすべて相対的なのです。

(2) 変　位

物体の移動した距離を「変位」といいます。この変位には、大きさのほかに、方向があり、大きさ、方向を同時に指定することによって変位は定まります。

変位の大きさは、メートル（m）などのような長さの単位で表します。

(3) 速　度

物体の運動の速い、遅いの程度を示す量を、その物体の「速度」といい、単位時間内に運動した変位の量により求められます。

そこで、ある物体が大地に対して t なる時間内に s なる変位をしたときは、その速度 v は次の算式で計算できます。

$$\text{速度}\ (v) = \frac{\text{変位}\ (s)}{\text{時間}\ (t)}$$

ゆえに、v なる速度をもって t 時間連続して移動したその物体の変位 s は、

$$\text{変位}\ (s) = \text{速度}\ (v) \times \text{時間}\ (t)$$

そこで、電車や自動車の走行に見られるとおり、始点から終点までの距離が20kmのとき、それに要した時間が30分間であったとすると、その平均速度は、40キロメートル毎時（km/h）となり、物体が移動した距離をそれに要した時間で移動する等速運動の速度に等しくなります。

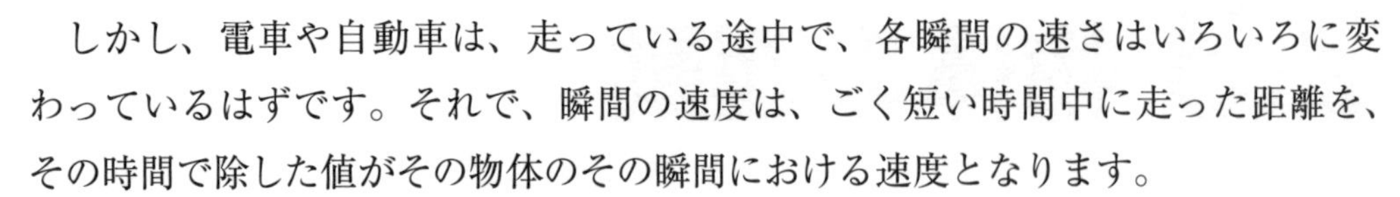

しかし、電車や自動車は、走っている途中で、各瞬間の速さはいろいろに変わっているはずです。それで、瞬間の速度は、ごく短い時間中に走った距離を、その時間で除した値がその物体のその瞬間における速度となります。

速度の単位は普通、メートル毎秒（m/s）、キロメートル毎時（km/h）などが用いられます。

2.3.2 加速度

物体の運動には、速度が一定である運動と一定でない運動とがあります。前者を等速運動といい、後者を変速（または不等速）運動と呼んでいます。

変速運動の速度が変わる状態を表すには、単位時間内に変わる速度の量をもって表し、これを「加速度」といいます。

初めの速度 v_1 が t 時間の後 v_2 の速度に変わった場合の加速度 a は、次の算式で計算できます。

$$\text{加速度}\ (a) = \frac{\text{終わりの速度}\ (v_2) - \text{初めの速度}\ (v_1)}{\text{時間}\ (t)}$$

終わりの速度が初めの速度よりも大きいときの加速度は正数値で、終わりの速度が小さいときは負数値になります。加速度が 0 のときは、等速運動です。

いま、自動車の速度が、はじめ毎秒 5m であったものが、10 秒経ったら毎秒 10m の速度になっていたとすれば、そのときの加速度は下記の式のようになります。

$$\frac{10\text{m/秒} - 5\text{m/秒}}{10\text{秒}} = 0.5\text{m/(秒・秒)}\ (\text{m/s}^2)$$

加速度の単位には、メートル毎秒毎秒（m/s^2）が用いられます。

2.3.3 慣　性

図 2-21 のように、止まっている電車が急に発車すると、中に立っている人は電車の進行する向きと反対の向きに倒れそうになり、走っている電車が急停車すると、中に立っている人は進行する向きに倒れそうになります。われわれは、ほかにも、これと同じような例をたくさん経験しています。

これは、物体には、外から力が作用しない限り、静止しているときは永久に静止の状態を続けようとし、運動しているときは永久にその運動を続けようとする性質

図 2-21　**慣性の例**

があるためで、これを「慣性」といいます。

これを逆にいえば、静止している物体を動かしたり、運動している物体の速さや運動の向きを変えるためには力が必要で、速度の変わり方が大きいほどこれに要する力は大きく、荷を急に引き上げたり、動いている物体を急に止めたりするときには、非常に大きな力を必要とすることになります。

2.3.4 遠心力

分銅を結びつけた細いひもの一端を持って分銅に円運動をさせると、手は分銅の方向に引っ張られ、分銅を速く回すと、手はいっそう強く引っ張られるものを感じます。もし、ひもから手をはなすと、分銅は手をはなしたときの位置から円の接線方向に飛んで行ってしまい、円運動はしなくなります。

このように、物体が円運動をするためには、物体にある力（前述の例では、手がひもをとおして分銅を引っ張っている力）が作用しなければなりません。この物体に円運動をさせる力を「向心力」といいます（**図 2-22**）。向心力は、次の式で表されます。

$$F = \frac{m \cdot v^2}{r} = m \cdot r \cdot \omega^2$$

（F：向心力、m：質量、r：半径、v：周速度、ω：角速度）

向心力に対して、力の大きさが等しく、方向が反対である力（前述の例では、手を引っ張る力）を「遠心力」といいます。

豆知識　物体が中心軸のまわりを回転するとき、ある時間で回転の角度が変化する割合を角速度といいます。単位は、ラジアン毎秒（rad ／ s）になります。

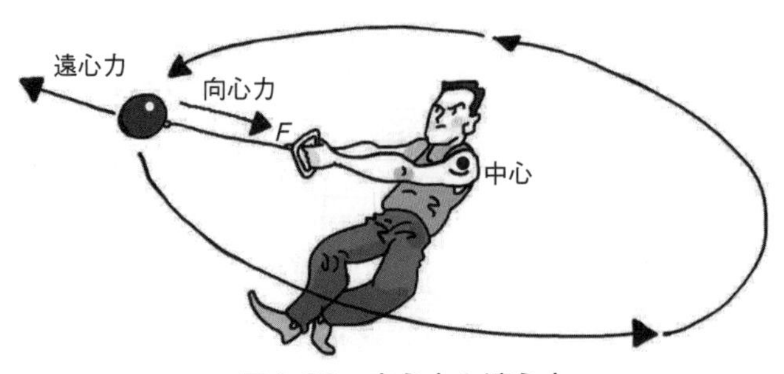

図 2-22　向心力と遠心力

移動式クレーンでは，旋回する際に、この遠心力が荷に働いて、転倒しやすくなるので留意しましょう。

また、トラッククレーンなど車両の運転において、カーブでのスピードの出し過ぎは遠心力により、転倒などの事故に結びつくことがありますので注意が必要です。

2.3.5 摩　擦

(1)　静止の摩擦力

地上に置いてある物体を地面にそって引っ張ると、地面と物体との間に物体の運動を妨げようとする抵抗が現れます。強く引っ張れば引っ張るほど抵抗も大きくなりますが、引っ張る力がある限度以上になると物体はついに動き出します。これは、静止している物体と地面との間の摩擦の現象があることを示し、この場合の接触面に働く抵抗を「静止の摩擦力」といいます。静止の摩擦力は接触面の大小には関係なく働きます。

図 2-23 に示すように静止の摩擦力 F は物体に力 P を加えていって物体が動きはじめる瞬間に最大となります。このときの摩擦力を最大静止摩擦力といい、物体の接触面に作用する垂直力と最大静止摩擦力との比を静止摩擦係数といいます。

(2)　運動の摩擦力

物体が動き出してから、働く摩擦力を「運動の摩擦力」といい、その値は最大静止摩擦力より小さくなります。

摩擦力の大きさは、接触面の面積には関係なく、物体の接触面に作用する垂直力に比例します。したがって、

$$F = \mu \times W$$

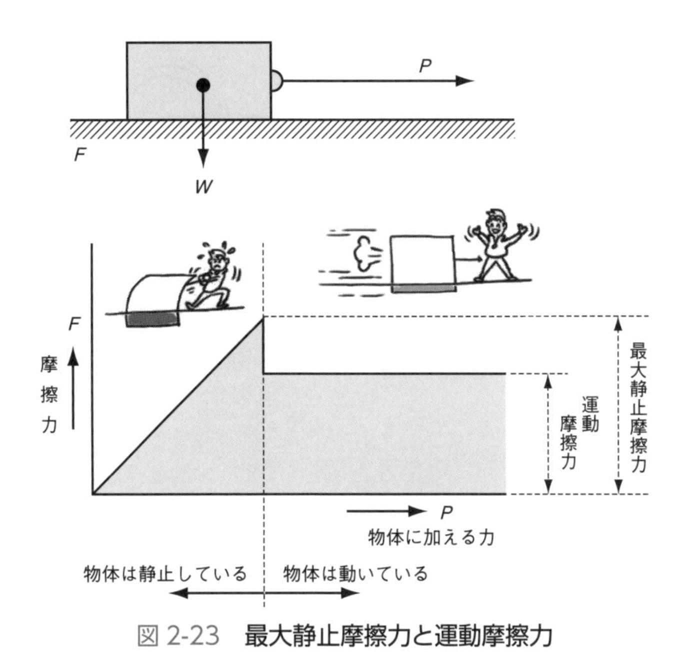

図 2-23　**最大静止摩擦力と運動摩擦力**

ここで、

F：摩擦力

W：物体の接触面に作用する垂直力

μ：摩擦係数

です。

摩擦係数の値は接触する2つの物体の種類と接触面の状態によって決まります。車両を運転する際、路面が雨で濡れていたりすると、路面とタイヤ間の摩擦係数が下がるので、カーブで横すべりをする危険があります。

(3)　ころがり摩擦

物体を接触面に沿ってすべらせずに、ころがすときにも同じように摩擦の現象が現れます。これを「ころがり摩擦」といいます（**図 2-24**）。例えばたるやドラム缶をころがすと、これらをひきずるときより楽に移動させることができますが、いつまでもころがらないのは、ころがり摩擦があるためです。ころがり摩擦力は、たるやドラムかんの例でもわかるように、運動の摩擦力に比べると非常に小さいものです（約10分の1程度）。重い荷を楽に移動させるためにころを使ったり、軸受けにローラーベアリングやボールベアリングを使ったりするのは、このころがり摩擦を軽減するためです。

図 2-24　**ころがり摩擦**

2.3.6 滑　車

荷をつり上げる際、力の向きを変えたり少ない力でつり上げられるようにするための装置として、古くから滑車が使われています。もちろん、クレーンにも滑車が使われています。滑車には、次のような種類があります。

(1)　定滑車

定滑車は、力の向きを変えるために使われる滑車で、滑車は定位置に固定されるので、「定滑車」と呼ばれます（**図 2-25**（左））。定滑車を使うことで、ロープを下向きに引けば荷をつり上げられますが、必要な力の大きさは変わりません。荷を1m つり上げるためには、同じく1m だけ下にロープを引くことになります。

(2)　動滑車

滑車にかけたロープを引くことで滑車自体が上下するものを、「動滑車」といいます（**図 2-25**（右））。動滑車を使うと、荷をつり上げる際の荷重を半分に低減することができます。ただし、動滑車で荷を1m つり上げるためには、ロープを2m 引かなければなりません。またロープを引く方向は上向きで力の方向は変わりません。

(3)　組合せ滑車

いくつかの動滑車と定滑車を組み合わせたものを「組合せ滑車」といいます。動滑車で荷重を低減し、定滑車で引く力の向きを変えることで、重たい荷でも楽につり上げることができるようになります。**図 2-26** のように3つの動滑車と定滑車を組み合わせた場合、荷の荷重を6分の1に低減することができますが、ロープを引く長さは6倍になります。一般式として、動滑車の数を n 個とすると次の式になります。

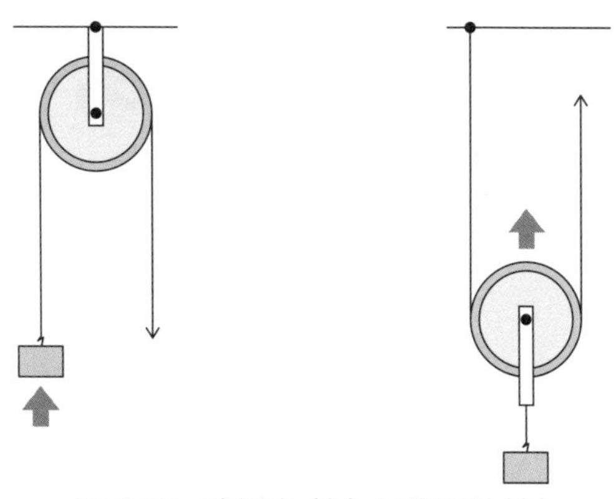

図 2-25　定滑車（左）と動滑車（右）

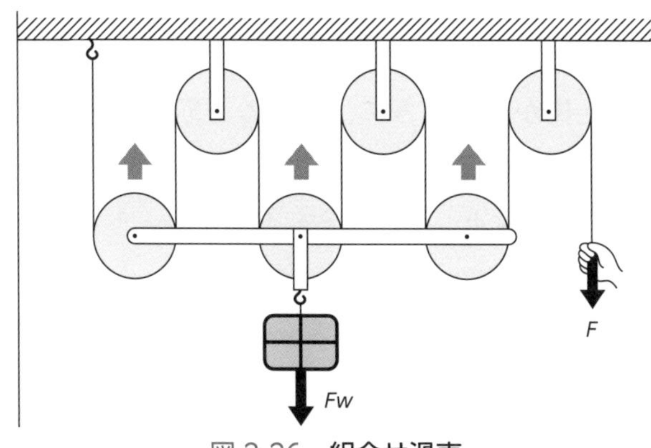

図 2-26　組合せ滑車

$$F = \frac{1}{2 \times n} \times F\mathrm{w} \qquad v_{\mathrm{m}} = \frac{1}{2 \times n} \times v$$

$$L = 2 \times n \times L_{\mathrm{m}}$$

F：ロープを引っ張る力　$F\mathrm{w}$：荷の重量　v：巻上げロープ速度
v_{m}：荷の巻上げ速度　L：巻上げ長さ　L_{m}：荷の巻上げ距離
n：動滑車の数

2.4 荷重、応力および材料の強さ

2.4.1 荷　重

物体に外から作用する力（外力）を、「荷重」といいます。その荷重のかかり方によって、物体にはいろいろな性質の違った変形が起こります。

(1) 引張荷重

図 2-27 のような丸棒があるときに、縦軸の方向に力 F が働き、両方から棒を引っ張ると、棒の長さは伸びて、太さは細くなります。

このような荷重を「引張荷重」といいます。

(2) 圧縮荷重

前例とは反対に、**図 2-28** のように縦軸の方向に力 F が押す場合には、棒の長さは縮み、太さは太くなります。このような荷重を「圧縮荷重」といいます。

(3) せん断荷重

図 2-29 のようなときは、ボルトは力 F の方向に平行な面で、切断され、左右の部分が荷重の方向にすべろうとします。はさみで物を切るときも同様の力が、切られる物に作用します。このような荷重を「せん断荷重」といいます。

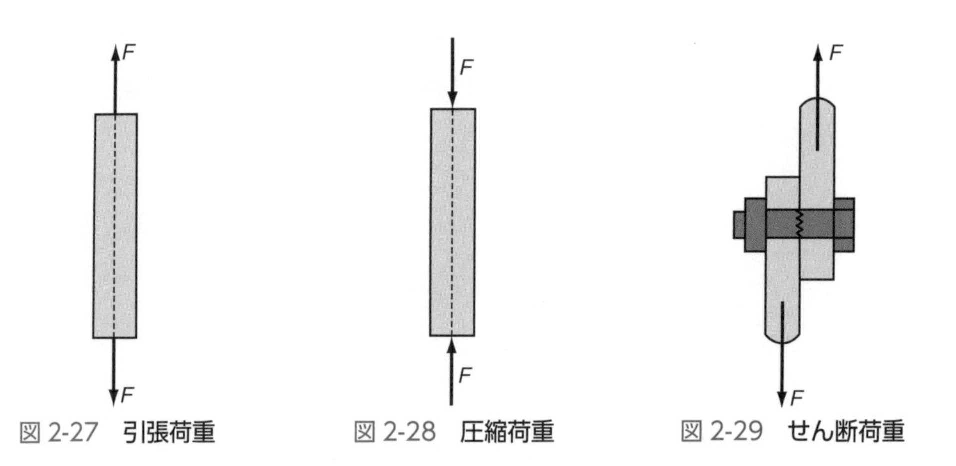

図 2-27　引張荷重　　図 2-28　圧縮荷重　　図 2-29　せん断荷重

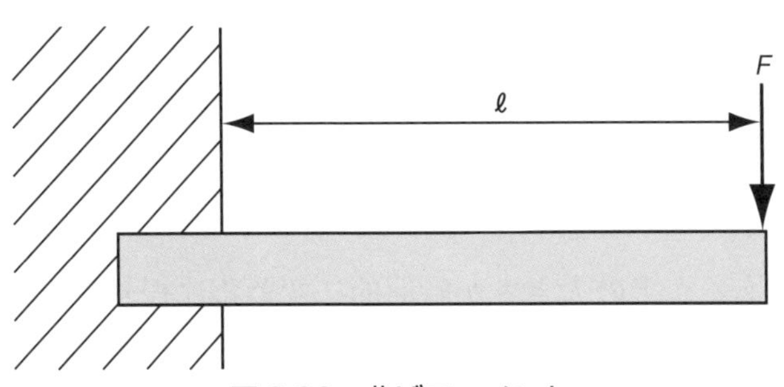

図 2-30　曲げモーメント

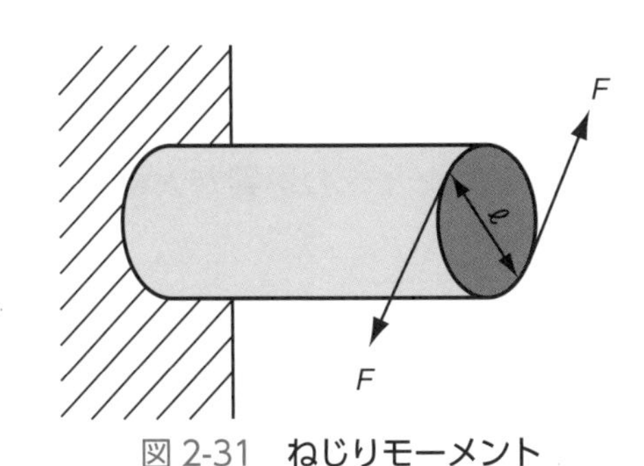

図 2-31　ねじりモーメント

(4)　曲げモーメント

両端または一端を支えたはりまたはけたに垂直荷重を加えると、はりまたはけたは湾曲します。このような荷重を「曲げ荷重」といいます。

図 2-30 のように、一端を固定し、他端に力 F をかけ、固定部から端までの距離を ℓ とすると、その積 $F\ell$ が最大曲げモーメントになります。壁クレーンがつり上げた荷物が、ジブに対して作用する力は、主としてこの曲げモーメントによるものです。

(5)　ねじりモーメント

図 2-31 のように、軸の一端を固定して、他端の外周に反対方向の力 F を加えると、この軸はねじられます。このような荷重を「ねじり荷重」といいます。そして、軸に力の作用する点間の距離 ℓ と力 F との積 $F\ell$ を「ねじりモーメント」といいます。ウインチの軸がワイヤロープに引っ張られてねじりを受ける場合などがこれにあたります。

クレーンなどの機械部分には、(1) から (5) までに述べた力が単独に働くことはあまりありません。いくつかの力が組み合わされて働く場合がほとんどです。

(6)　荷重の種類

荷重は、大別すると、静荷重と動荷重とに分けられます。静荷重は死荷重ともいい、向きと大きさの変わらない一定の荷重です。例えばクレーンに荷をつるしてそのまま放置した場合にクレーンにかかっている荷重が、静荷重です。

それに対して、大きさや向きなどが変化する動荷重は、活荷重ともいい、次の3つに分けられます。

向きは同じであるがその大きさが時間的に変わる片振り荷重、向きと大きさが時間的に変わる交番荷重（両振り荷重）があり、この2つをあわせて「繰り返し荷重」といいます。また、例えばトラックの運転中に、路面の凹みに一方の車輪を踏み込んでがたんと落ち込んだときの荷台にかかる衝撃荷重があります。この衝撃荷重は、比較的短時間に加わる外力で、クレーン等の場合は、作用する時間が短いほど、ワイヤロープおよびジブなどへの影響が大きくなります。

2.4.2 応　力

物体に、外力が作用したとき、その外力とつり合うために物体の内部に生ずる内力を物体の断面積で除した値を「応力」といいます。応力は、荷重によって生ずるので、荷重のかかり方によっていろいろな応力があり、物体が引張荷重を受けたときは「引張応力」、圧縮荷重を受けたときは「圧縮応力」、せん断荷重を受けたときは「せん断応力」といいます。

応力の大きさは、単位面積当たりの力で表します。

いま、ある物体の部材の断面積を A（mm^2）、部材に働く引張荷重を P（N）とすれば、引張応力 σ（N/mm^2）は次の式で算出できます。

$$\text{引張応力}\,\sigma\ (\mathrm{N/mm^2}) = \frac{\text{部材に働く引張荷重}\,P\ (\mathrm{N})}{\text{部材の断面積}\,A\ (\mathrm{mm^2})}$$

2.4.3 材料の強さ

クレーンを用いて作業する場合、荷の荷重によってクレーンの各部や玉掛用具等には、引っ張り、圧縮、せん断などのさまざまな力がかかります。

そのためクレーン各部の部材や玉掛用具等には、定められた荷重に対して十分に耐える太さと材質のものを使用しなければなりません。

(1)　弾性ひずみと永久ひずみ

物体に荷重が働くと、その物体は、必ずその形状に変化（ひずみ）を起こしま

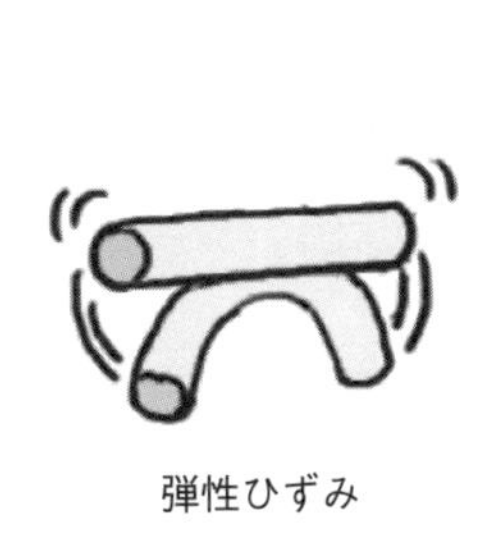

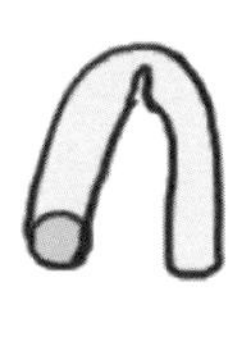

図 2-32　**弾性ひずみと永久ひずみ**

す。このひずみには、元の形に戻るものと戻らないものとがあり、元の形に戻るひずみを「弾性ひずみ」といい、戻らないひずみを「永久ひずみ」といいます（**図2-32**）。

ところで、機械を構成している各部の材料は、使用中において「永久ひずみ」を起こさないように設計されています。したがって、使用の状態で起こる「ひずみ」は「弾性ひずみ」であって、荷重を取り去るとともにほとんどが消失します。

この「弾性ひずみ」の限度を超えて荷重をかければ、弾性ひずみに戻らないひずみが加わり、荷重を取り去ると、弾性ひずみ分だけが消えて、「永久ひずみ」の分は残ることになります。この限度を「弾性限度」といいます。

(2)　応力とひずみとの関係

軟鋼で作った試験片を材料試験機にかけて引っ張ると、試験片は引っ張り荷重が大きくなるにしたがって伸びます。その荷重の増加がある程度に達すると、荷重が増さないにもかかわらず伸びだけが急に増加し、さらに荷重を増そうとしますが、荷重は低下し、一方で伸びは増していき、ついに音を発して切れてしまいます。この時の荷重と伸びの関係を自動的に記録していくと**図 2-33** のような線図が得られます。この線図を「荷重伸び線図」（または「応力ひずみ線図」）といいます。

図 2-33 について説明すれば、横軸は伸び、縦軸は荷重の大きさを示します。

O 点から A 点までは、荷重を増すに従って、伸びも増しますが、この範囲内では、荷重を取り除くと、伸びもまた消滅します。この範囲内がその材料の弾性範囲であって、A 点の応力を「弾性限度」といいます。

A 点から上は、荷重を増すに従って、伸びる割合が弾性範囲内でのときより多くなり、荷重が B 点に達すると、荷重がほとんど増加しなくても、C 点まで急に伸びが増加します。この B 点をその材料の「降伏点」（このときの応力を「降伏強さ」）といいます。C 点から先は、荷重が増すに従って、伸びる割合はますます増

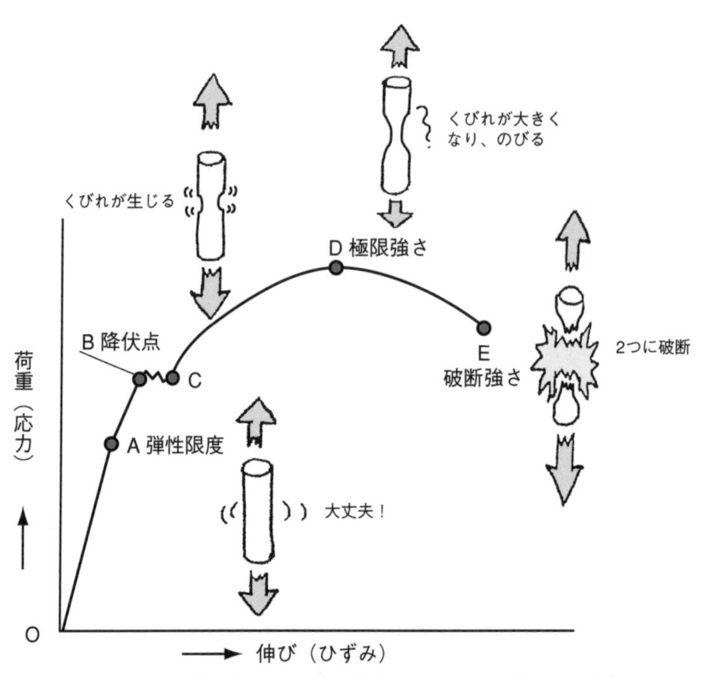

図 2-33　軟鋼の荷重伸び線図（応力ひずみ線図）

加し、荷重がＤ点に達すると伸びはさらに増しますが、材料の一部にくびれを生じてその部分の断面積は著しく細くなって減少するので、必要な荷重は減少します。そして、ついにはＥ点で切断されます。

図 2-33 は降伏点のある「軟鋼」の応力ひずみ線図ですが、木材・アルミ・鋳鉄等には明確な降伏点はありません。

Ｄ点の荷重は、この材料にかけられる「最大荷重」であって、これ以上の荷重をかけようとすれば、その材料は破壊することになります。

この材料の耐える最大荷重をその荷重をかける試験片の断面積で除して得られる最大応力を、その材料の「極限強さ」(「引張強さ」あるいは「抗張力」) といいます。

また、ワイヤロープの場合、切断に至る最大の荷重 (Ｄ点) を「切断荷重」もしくは「破断荷重」といいます。

(3)　安全係数

材料を使用する場合の荷重限度は、前項の「荷重伸び線図」のＡ点すなわち弾性限度です。しかし、実際に材料を弾性限度の近くまで使うことは危険ですから、弾性限度以下のある値を定めて、使用材料に許される最大の応力を定めています。すなわち、それ以内ならば、日常使っても安全であるという応力のことで、このような応力を「許容応力」と呼んでいます。

安全係数は、一般に材料の極限強さ（図 2-33 の D 点）を許容応力で除した値です。すなわち、

$$\text{材料の安全係数} = \frac{\text{極限強さ}}{\text{許容応力}}$$

（例）　極限強さ 400N/mm^2 の棒を許容応力 80N/mm^2 で使うときの安全係数はいくらか。

$$\text{安全係数} = \frac{400}{80} = 5$$ （答　5）

2.4.4 玉掛用具の強さ

(1)　玉掛用具の安全係数

玉掛用具についても、安全に使用するためにはワイヤロープ等に係る荷重を一定の限度内におさめ、また衝撃荷重などの通常にはない荷重がかかることも想定しておかなければなりません。

そこで、1本のワイヤロープに負荷することのできる最大の質量として「基本使用荷重」を定め、玉掛用具の切断荷重との比を安全係数としています。

$$\text{安全係数} = \frac{\text{切断荷重（kN）}}{9.8\ (\text{m/s}^2) \times \text{基本使用荷重（t）}}$$

この安全係数は、クレーン則で以下のように定められています。

玉掛け用ワイヤロープ　6以上

玉掛け用つりチェーン　5以上（所定の要件を満たすものは4以上）

フック、シャックル　5以上

(2)　掛け数とつり角度

掛け数は、図 2-34 に示すように、2本のワイヤロープ等で荷の2か所からつり上げる場合は2本2点つり、同3本3か所ならば3本3点つり、4本4か所なら4本4点つりといった具合に表します。

また、つり角度は、つり上げた2本のワイヤロープがなす角度のことをいいます。同図ではそれぞれ α がつり角度になります。

ところで、同じ質量の荷であっても、つり角度が大きくなるほど、ロープにかかる力（張力）は大きくなってしまいます。図 2-35 に示すように、質量 m（t）の

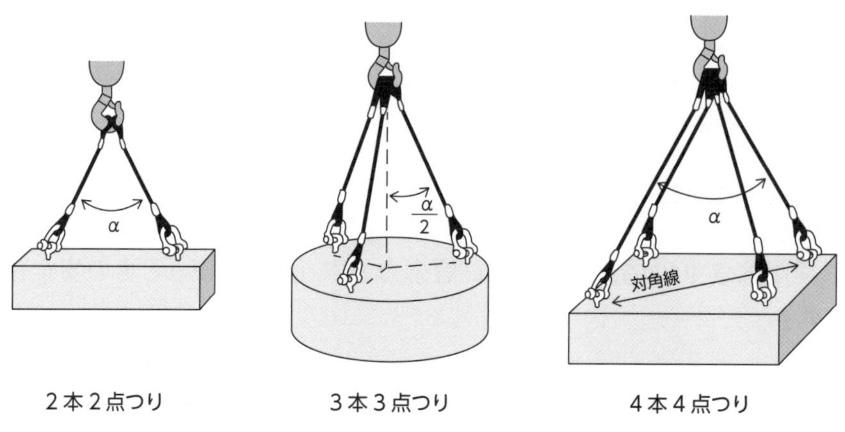

図 2-34　掛け数とつり角度（α）

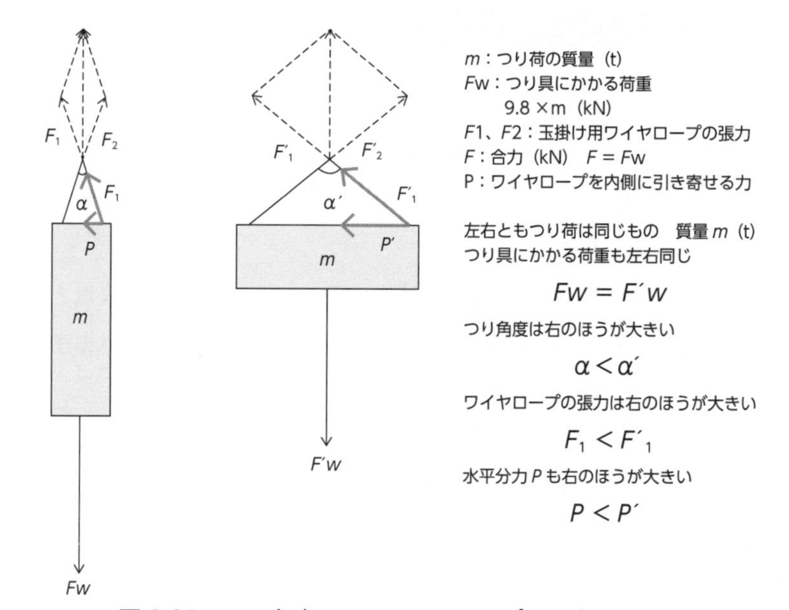

図 2-35　つり角度によるワイヤロープの張力の違い

荷をつる場合、つり角度 α の左図の場合よりも右図の α' のほうがつり角度が格段に大きく、その結果ロープにかかる張力も左図の F_1 よりも右図の F'_1 のほうが一目瞭然に大きくなっています。これは、つり荷に圧縮力としてかかる水平分力 P と P' についても同様です。ロープの張力が大きくなると、ロープの破断またはつり荷の破壊の原因となります。注意して作業を進めましょう。

第3章

玉掛用具の選定および使用の方法

本章のポイント

- 玉掛け作業に使用するワイヤロープやつりチェーンなど、さまざまな玉掛用具の種類と特徴、選定の方法、使用上の注意点などについて学びます。
- 各種玉掛用具の点検のポイントについて学びます。

玉掛け作業に使用する玉掛用具には、ワイヤロープやつりチェーン、繊維スリング、フック、つりクランプ、シャックルなどさまざまな種類があります。作業に当たっては、荷の質量や形状により使い分けますが、そのためには、それぞれの特徴を理解しておくことが必要です。以下に解説します。

3.1 ワイヤロープ

ワイヤロープは、多くの鋼線をより合わせて作られた柔軟かつ強靱なロープです。玉掛け作業をはじめとしたクレーン作業のさまざまな場面でワイヤロープは使われています。ワイヤロープはJIS G 3525に規格が定められています。

3.1.1 ワイヤロープの構造

ワイヤロープは、炭素鋼などを伸線した素線をより合わせてストランド（子綱）とし、さらに複数本のストランドを心綱の周りにより合わせて製造します（**図3-1**）。玉掛け用には、**表3-1**に示すこのストランドを6本より合わせたものがよく使われています。

JISには、引張強さによって**表3-2**のような種別に分けられています。玉掛け作

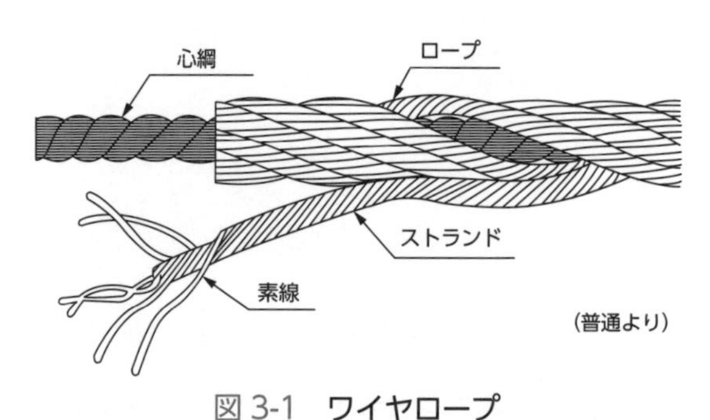

図3-1　ワイヤロープ

ポイント
荷物の固定用ワイヤロープ（台付けワイヤロープ）など玉掛用具以外のもので代用することは非常に危険で厳禁です。玉掛け用ワイヤロープは、安全係数6以上が求められています（クレーン則第213条）。

表 3-1 よく使われるワイヤロープ

呼び	24本線6より	37本線6より	フィラー形 29本線6より ロープ心入り
構成記号	6 × 24	6 × 37	IWRC 6 × Fi (29)
断面			
特徴	玉掛け用として、最も一般的なワイヤロープ。	6 × 24よりも強度があり柔軟性も高い。	耐疲労性に優れ、耐熱性もある。

(JIS G 3525：2013 表1より抜粋・改変)

表 3-2 引張強さによるワイヤロープの種別

種別	公称引張強さ N/mm^2	摘要
E種[注)]	1 320	裸およびめっき（めっき後冷間加工を行ったものを含む。）
G種	1 470	めっき（めっき後冷間加工を行ったものを含む。）
A種	1 620	裸およびめっき（めっき後冷間加工を行ったものを含む。）
B種	1 770	裸およびめっき（めっき後冷間加工を行ったものを含む。）
T種	1 910	裸
注記 1N/mm^2 = 1MPa 注) 外層ストランドにおいて、内層素線の公称引張強さより、最外層素線の公称引張強さが低いデュアルテンサイルロープである。		

(JIS G 3525：2013 表2)

業には、G種やA種が使われます。

ワイヤロープのより方向とストランドのより方向が同方向のものを「ラングより」といい、反対方向のものを「普通より」といいます。また、ワイヤロープが左よりのものは「Zより」、右よりのものは「Sより」と呼ばれます（**図3-2**）。

「ラングより」よりも「普通より」のワ

(JIS G 3525：2013 図2)

図 3-2 ワイヤロープのより方

豆知識 ワイヤロープの構成記号は「(ストランドの数) × (ストランドを構成する素線の数)」で表されています。すなわち「6 × 24」のワイヤロープは、「24本の素線で構成されるストランドを、6本よりあわせたワイヤロープ」であることを示しています。

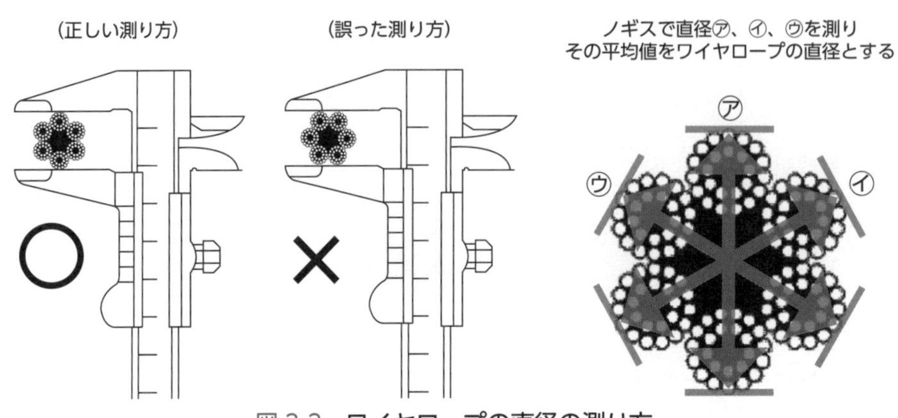

図 3-3　ワイヤロープの直径の測り方

イヤロープのほうが、キンクを起こしにくく扱いやすいので、玉掛け作業では「普通Zより」のワイヤロープが使われています。

また、ワイヤロープの直径は、外接円の直径で表されます。測定の際には、ノギスで3方向から測り、その平均値をとります（**図 3-3**）。

3.1.2 玉掛け用ワイヤロープの使用荷重（安全荷重）

使用荷重（安全荷重）とは、各種のつり方においてワイヤロープで安全につることのできる最大の荷重です。以下の算式で求めることができます。

(1) 張力係数を用いた式

$$\text{使用荷重 (t)} = \text{基本使用荷重 (t)} \times \frac{\text{掛け数}}{\text{張力係数}}$$

「張力係数」とは、つり角度（**図 3-4**）により変化する玉掛け用ワイヤロープに働く張力を計算するための割増係数です。**表 3-3** の数値を用います。

「基本使用荷重」は、1本のワイヤロープで垂直につることのできる最大の荷重

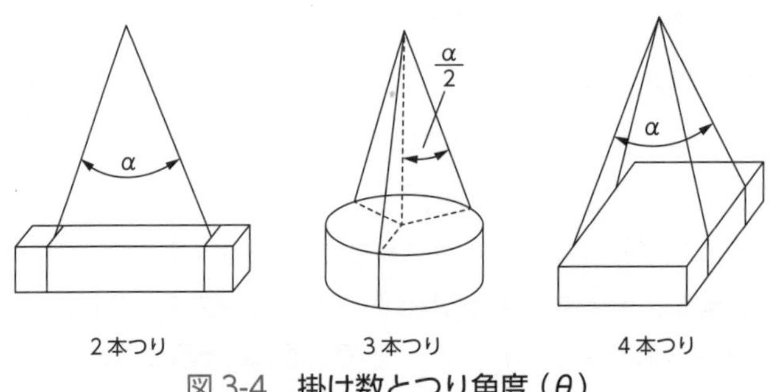

図 3-4　掛け数とつり角度（θ）

で、以下の式で算出できます。

$$基本使用荷重\ (t) = \frac{切断荷重\ (kN)}{9.8 \times 安全係数}$$

※安全係数は 6 以上

6 × 24（G 種、A 種）および 6 × 37（G 種、A 種）のワイヤロープの切断荷重を**表 3-4** に、基本使用荷重を**表 3-5** に示します。

表 3-3 **張力係数**

つり角度	張力係数	つり角度	張力係数
0	1.00	40	1.07
10	1.005	50	1.10
20	1.02	60	1.16
30	1.04	70	1.22

$$張力係数 = 1 \div \cos\frac{つり角度}{2}$$

表 3-4 **玉掛け用ワイヤロープの切断荷重（kN）**

6 × 24			6 × 37		
ロープの区分 / 公称径（mm）	G 種（めっき）	A 種（裸）	ロープの区分 / 公称径（mm）	G 種（めっき）	A 種（裸）
6	16.5	17.7	6	17.8	19.1
8	29.3	31.6	8	31.6	34.0
9	37.1	39.9	9	40.0	43.0
10	45.8	49.3	10	49.4	53.1
12	65.9	71.0	12	71.1	76.5
14	89.7	96.6	14	96.7	104
16	117	126	16	126	136
18	148	160	18	160	172
20	183	197	20	197	212
22	222	239	22	239	257
24	264	284	24	284	306
26	309	333	26	334	359
28	359	387	28	387	416
30	412	444	30	444	478
32	469	505	32	505	544
36	593	639	36	640	688
40	732	789	40	790	850
			44	956	1030
			48	1140	1220
			52	1330	1440
			56	1550	1670
			60	1780	1910

表 3-5　玉掛け用ワイヤロープの基本使用荷重 (t)

6 × 24			6 × 37		
ロープの区分 / 公称径(mm)	G 種（めっき）	A 種（裸）	ロープの区分 / 公称径(mm)	G 種（めっき）	A 種（裸）
6	0.28	0.3	6	0.3	0.32
8	0.49	0.53	8	0.53	0.57
9	0.63	0.67	9	0.68	0.73
10	0.77	0.83	10	0.84	0.9
12	1.12	1.2	12	1.2	1.3
14	1.52	1.64	14	1.64	1.76
16	1.98	2.14	16	2.14	2.31
18	2.51	2.72	18	2.72	2.92
20	3.11	3.35	20	3.35	3.6
22	3.77	4.06	22	4.06	4.37
24	4.48	4.82	24	4.82	5.2
26	5.25	5.66	26	5.68	6.1
28	6.1	6.58	28	6.58	7.07
30	7	7.55	30	7.55	8.12
32	7.97	8.58	32	8.58	9.25
36	10	10.8	36	10.8	11.7
40	12.4	13.4	40	13.4	14.4
			44	16.2	17.5
			48	19.3	20.7
			52	22.6	24.4
			56	26.3	28.4
			60	30.2	32.4

(2)　モード係数を用いた式

使用荷重 (t) = 基本使用荷重 (t) × モード係数

モード係数とは、ある玉掛け時のつり本数とつり角度の時に、つることのできる荷の最大質量と基本使用荷重との比です。つり本数、つり角度に応じた定数と

豆知識　玉掛け作業時に、選択したワイヤロープに不安を感じたときには、次の簡便な方法で、ワイヤロープに負荷させることのできる最大の質量（基本使用荷重：t）の目安が求められます（6 × 24 A 種（裸）の場合）。

$$\frac{(\text{ワイヤロープの直径})^2}{20 \times 6^*} \fallingdotseq \text{負荷させることのできる最大の質量}$$

＊6 は安全係数

表 3-6 モード係数

つり角度α／つり本数	0	$0 < \alpha \leqq 30$	$30 < \alpha \leqq 60$	$60 < \alpha \leqq 90$	$90 < \alpha \leqq 120$
2本2点つり	2.0	1.9	1.7	1.4	1.0
3本3点つり	3.0	2.8	2.5	2.1	1.5
4本4点つり	3.0 (4.0)	2.8 (3.8)	2.5 (3.4)	2.1 (2.8)	1.5 (2.0)
2本4点つり	4.0	3.8	3.4	2.8	2.0

○「つり点数が4点の場合は、均等に荷重がかかりにくいため3本つりのモード係数を用いる必要がある」（「玉掛け作業の安全に係るガイドラインの解説」）が、4本が均等に負荷するような場合は（ ）内の係数を用いても差し支えない。
○2本4点つりは（ ）内と同じ係数になるが、つり角度が60度を超えると不安全な状態になるので、これを超えて使用しないこと。

なり、**表 3-6** の数値を用います。

このほか、使用(安全)荷重表が備え付けられている場合は、そこから選択します。

(3) 掛け数ごとの玉掛け用ワイヤロープの使用荷重

① 2本2点つりの使用荷重

(2) の式およびモード係数を用いて求めることができます。参考までに、6 × 24 の A 種の公称径ごとの使用荷重を**表 3-7** に示します (6 × 24G 種、および 6 × 37A 種・G 種の使用荷重は巻末の参考資料を参照)。

② 3本3点つりの使用荷重

3本のワイヤロープに均等に荷重がかかる場合、①の使用荷重の 1.5 倍の数値となります。

③ 4本4点つりの使用荷重

4本4点つりの使用荷重は、4本のワイヤロープに均等に荷重がかかりにくいので、通常は3本3点つりを想定し、3本つりのモード係数を用いて計算します。ただし、4本が均等に負荷するならば4本つりで計算します。その場合、2本2点つりの場合の2倍になります。

使用荷重やモード係数は、掛け数やつり角度によって数値が変わります。最大使用荷重は、それぞれのワイヤロープに固有の1つの数値になります。

3.1.3 玉掛け用ワイヤロープの選定

ここまで見てきた使用荷重表や張力係数、モード係数を用いて、荷の質量やつり角度、つり点数等に応じて使用することのできるワイヤロープの太さを求めることができます。その方法を以下に紹介します。

なお、巻末に参考資料として、解法をより詳しく紹介しています。他の例題も収録していますので、参照して下さい。

(1) 「使用荷重表」による方法

〈例題〉

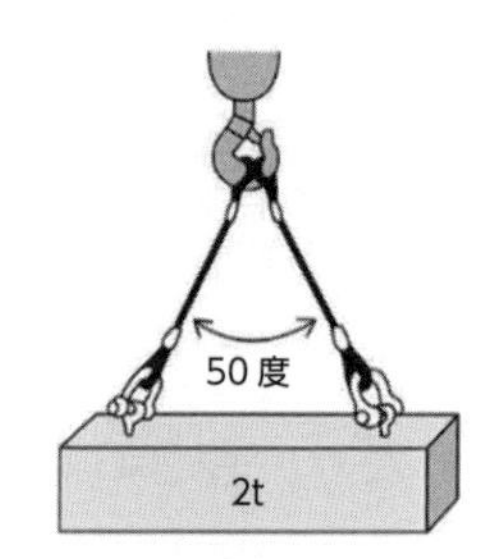

質量2tの荷を、ワイヤロープを用いて2本2点つり、つり角度50度でつるとき、用いることのできる最小のワイヤロープの太さ（公称径）はいくらか。ワイヤロープは6 × 24 A種を使用します。

〈求め方の例〉

① 6 × 24 A種のワイヤロープの、2本2点つりの使用荷重表（**表3-7**）を用意し

表3-7 6 × 24 A種の使用荷重（t） 2本2点つり

ワイヤロープの公称径(mm)	基本使用荷重(t)	つり角度α（モード係数）			
		0 (2.0)	0＜α≦30 (1.9)	30＜α≦60 (1.7)	60＜α≦90 (1.4)
6	0.3	0.6	0.57	0.51	0.42
8	0.53	1.07	1.02	0.91	0.75
9	0.67	1.35	1.28	1.15	0.94
10	0.83	1.67	1.59	1.42	1.17
12	1.2	2.4	2.28	2.04	1.68
14	1.64	3.28	3.11	2.78	2.29
16	2.14	4.28	4.06	3.63	2.99
18	2.71	5.42	5.14	4.6	3.79
20	3.34	6.68	6.34	5.67	4.67
22	4.06	8.12	7.71	6.9	5.68
24	4.82	9.64	9.15	8.19	6.74
26	5.65	11.3	10.7	9.6	7.91
28	6.57	13.1	12.4	11.1	9.19
30	7.53	15	14.3	12.8	10.5
32	8.58	17.1	16.3	14.5	12
36	10.8	21.6	20.5	18.3	15.1
40	13.4	26.8	25.4	22.7	18.7

ます。

② つり角度50度に該当する「$30 < \alpha \leqq 60$」(30度を超え60度以下)の列を見て、2t以上の数字を探します。

③ 2t以上でもっとも小さい数字を探し、その行の一番左側にある「ワイヤロープの公称径」を見ます。ここでは2t以上でもっとも小さい数字「2.04」(2.04t)ですので、この「2.04」の行の一番左側にある「ワイヤロープの公称径」の列を見ます。

④ ここに書いてある「12」(12mm)はワイヤロープの太さ(公称径)です。よって、用いることのできる最小のワイヤロープの太さは12mmとなります。

(2) 「張力係数」による方法

〈例題〉

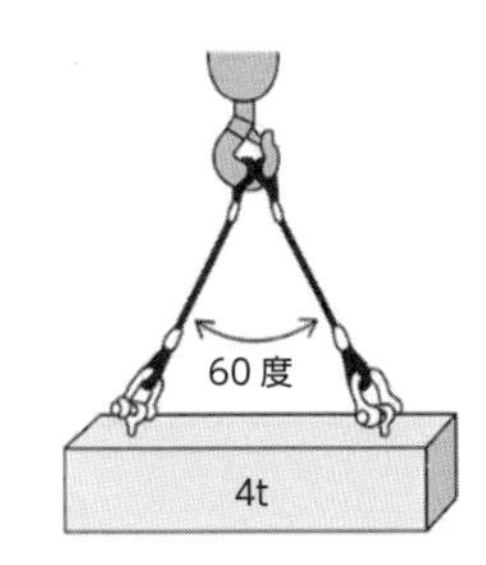

質量4tの荷を、ワイヤロープを用いて2本2点つり、つり角度60度でつるとき、用いることのできる最小のワイヤロープの太さ(公称径)はいくらか。ワイヤロープは6×24 A種を使用します。

〈求め方の例〉

① 張力係数の表(**表3-3**)より、つり角度60度の場合の係数を選びます。

② 基本使用荷重の公式

$$\text{基本使用荷重} = (\text{つり荷の質量} \div \text{掛け数}) \times \text{張力係数}$$

に、それぞれの数値を代入して計算します。

$$(4 \div 2) \times 1.16 = 2.32$$

となり、1本当たりのワイヤロープに必要な基本使用荷重は2.32tです。

③ 6×24 A種のワイヤロープの、2本2点つりの使用荷重表(**表3-7**)の「基本使用荷重」の列から、2.32以上で最も小さい数字を探し、その行の一番左側にある「ワイヤロープの公称径」を見ます。ここでは2.32t以上でもっとも小さい数字は「2.71」(2.71t)ですので、この「2.71」の行の一番左側にある「ワイヤロープの公称径」の列を見ます。

④ ここに書いてある「18」(18mm)はワイヤロープの太さ(公称径)です。よって用いることのできる最小のワイヤロープの太さは18mmとなります。

(3) 「モード係数」による方法

〈例題〉

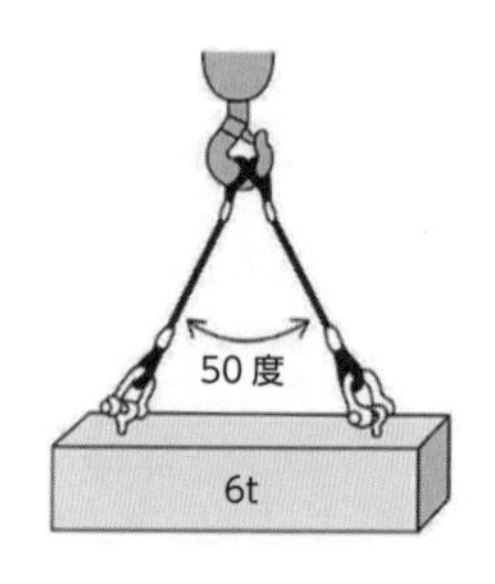

質量6tの荷を、ワイヤロープを用いて2本2点つり、つり角度50度でつるとき、用いることのできる最小のワイヤロープの太さ（公称径）はいくらか。ワイヤロープは6×24 A種を使用します。

〈求め方の例〉

① モード係数の表（**表3-6**）より、つり本数2本2点つりの行、つり角度50度を含む「30＜α≦60」の列を見て、交差する「1.7」を選びます。

② 基本使用荷重の公式

基本使用荷重＝つり荷の質量÷モード係数

に、それぞれの数値を代入して計算します。

$$6 \div 1.7 = 3.529\cdots$$

となり、1本当たりのワイヤロープに必要な基本使用荷重は3.53tです。

③ 6×24 A種のワイヤロープの使用荷重表（**表3-7**）の「基本使用荷重」の列から、3.53以上で最も小さい数字を探し、その行の一番左側にある「ワイヤロープの公称径」を見ます。ここでは3.53t以上でもっとも小さい数字は「4.06」（4.06t）ですので、この「4.06」の行の一番左側にある「ワイヤロープの公称径」の列を見ます。

④ ここに書いてある「22」（22mm）はワイヤロープの太さです。よって、用いることのできる最小のワイヤロープの太さは22mmとなります。

3.1.4 玉掛け用ワイヤロープの端末処理

玉掛け用ワイヤロープは、エンドレスまたは両端にフック、シャックル、リング、アイなどを備えていなければなりません（**図3-5**）。現在はほとんどが、アイスプライスまたは圧縮止めを用いたものが使用されています。

(1) アイスプライス

「アイ」は「目」、「スプライス」は「より継ぎ」のことです。ワイヤロープの両端にアイをつくる方法の1つで、ワイヤロープを曲げてアイ形にし、端部を解きほぐして、端部のストランドをワイヤロープ本体のストランドに編み込んでつくるも

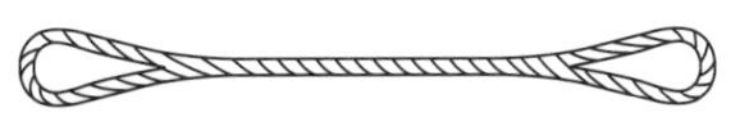

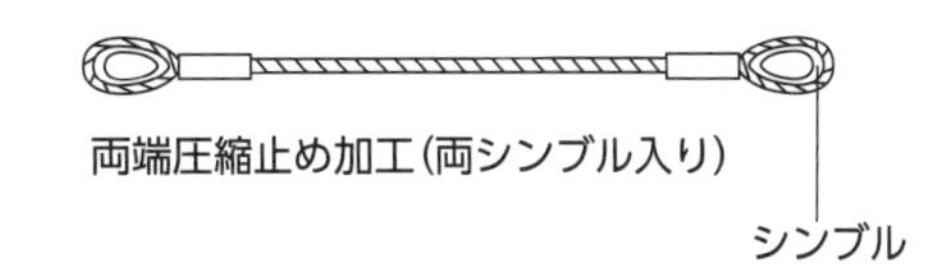

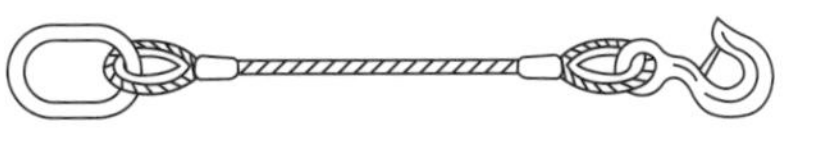

図 3-5　玉掛け用ワイヤロープの例

のです。玉掛け用として加工されたワイヤロープのアイスプライスは、クレーン則第219条で差し込み回数が決まっています(**図 3-6**)。それに対し、よく似た外見の台付け用ワイヤロープ（主に荷物を固定する用途に使用）にはこのような規定はなく、相対的に破断しやすいので、玉掛け作業に使用することは厳禁です(**図 3-7**)。

なお、ワイヤロープのすべてのストランドを編み込むことを「丸差し」といい、それぞれのストランドの素線の半数を切り、残りの素線を編み込むことを「半差し」といいます。

編み込み方によって「かご差し（さつま差し、割差し）」と「巻差し」に分けられます(**図 3-8**)。かご差しはワイヤロープの端末をストランドに解き、ワイヤロープ本体のストランドと逆方向に編んでいく方法です。巻差しは、ワイヤロープの端末をストランドに解き、ワイヤロープのストランドのより方向に沿って、差し込みながら巻いていく方法で、かご差しに比べて加工が容易ですが、ワイヤロープのよりが回転によって解けて抜けるおそれがあります。十分な注意が必要です。かご差しの場合は、比較的影響を受けません。

ポイント

アイスプライスの編み込みは「十分な技能及び経験を有する者に行わせるように指導すること」とされています(昭和46年9月7日　基発第621号)。一般に、国家検定による「ロープ加工技能士」がこれに相当するとされています。

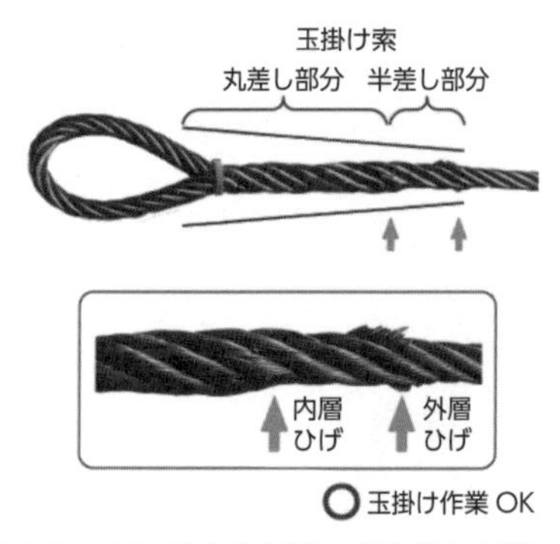

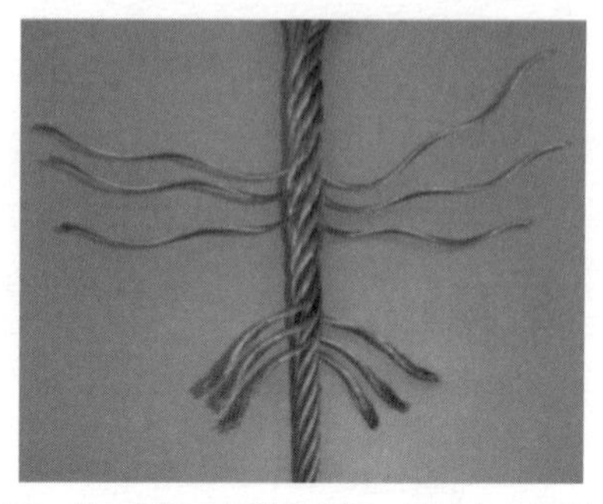

すべてのストランドを3回以上編み込んだ後、それぞれのストランドの素線の半数を切り、残された素線をさらに2回以上（すべてのストランドを4回以上編み込んだ場合は1回以上）編み込みます。差し終わりが細くなっており、切断した際に現れるひげが2カ所出てきます。

図3-6　玉掛け用ワイヤロープ

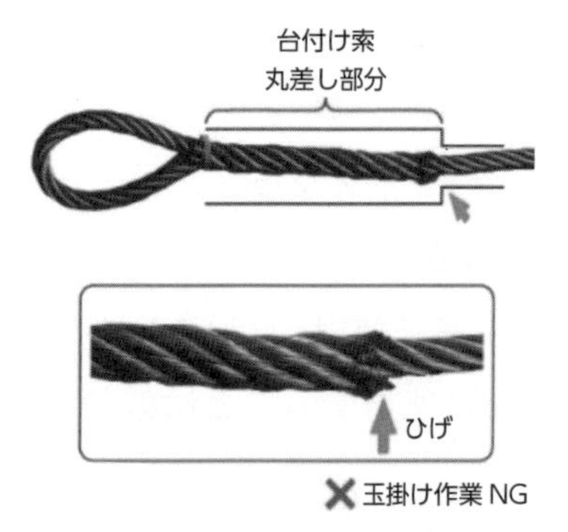

丸差しだけでストランドを切断してあり、差し終わり部分に段がついています。切断されるときに現れるひげは1カ所です。玉掛け作業に使用すると、編み込み部分が抜けて落下事故を発生させる危険性があります。

図3-7　台付け用ワイヤロープ

図3-8　かご差し（左）と巻差し（右）

図3-9　圧縮止め（ロック加工）

(2)　圧縮止め

ロック加工ともいいます（**図3-9**）。金具を使用してワイヤロープ端をリング状に加工します。正しく加工されれば、ほぼワイヤロープの破断過重に匹敵する強さとなりますが、加工時の圧縮力が不足するなどばらつきがでることもあるので注意しましょう。

3.1.5 使用上の注意

(1) 選択・使用にあたっての注意

・ワイヤロープに負担がかかるので、つり角度は60度以内が望ましい。

・安全係数は6以上として選択・使用する。

・キンクなど異常のあるものは使わない。

・荷をつる際、荷の角には必ず当て物をしてワイヤロープをかける。

・フックやシャックルを用いる際は、それらの径（D）とワイヤロープの径（d）の比（D/d）が小さくなるほどワイヤロープの強度が落ちるので、選択の際には留意する（**図 3-10**）。

(2) 保管・管理上の注意

・直射日光や湿気、高温などを避け、風通しのよい場所に保管する。

・使用区分により整理して掛け具などにかけて保管する。地面に野積みにしない。

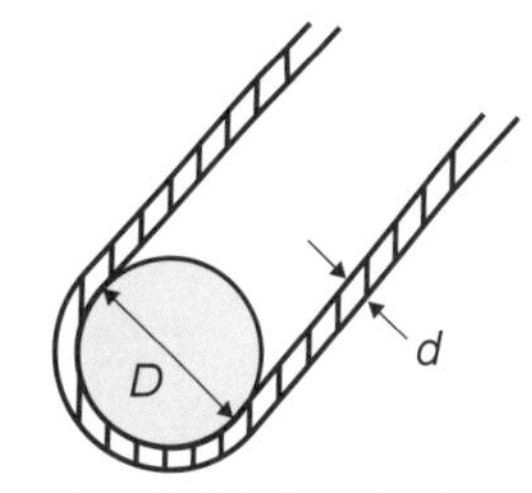

図 3-10　フック等の径とワイヤロープの径

ポイント

1よりの間に10%以上の素線が断線したワイヤロープは廃棄します。隠れた部分が断線していることもあるので、目で見える範囲で9本（6×24のワイヤロープ）、もしくは10本（6×37のワイヤロープ）の断線を目安とします。

3.2 つりチェーン

つりチェーンは、ワイヤロープに比べて強靭で、耐熱性、耐食性にも優れています。その一方で、柔軟性は劣り、またチェーン自体の質量がワイヤロープに比べてかさみますので、注意が必要です。一般の玉掛け作業はもちろん、高温職場や高湿の現場、酸など腐食性の物質を扱っている現場で使用されています。

つりチェーンには、等級4（最小破断応力400N/mm^2）、等級8（最小破断応力800N/mm^2）、等級10（最小破断応力1000N/mm^2）があります。

3.2.1 チェーンスリング

玉掛け作業に使用する際には、両端にフック、リンク等を設けたチェーンスリングとして使われます（**図3-11**）。

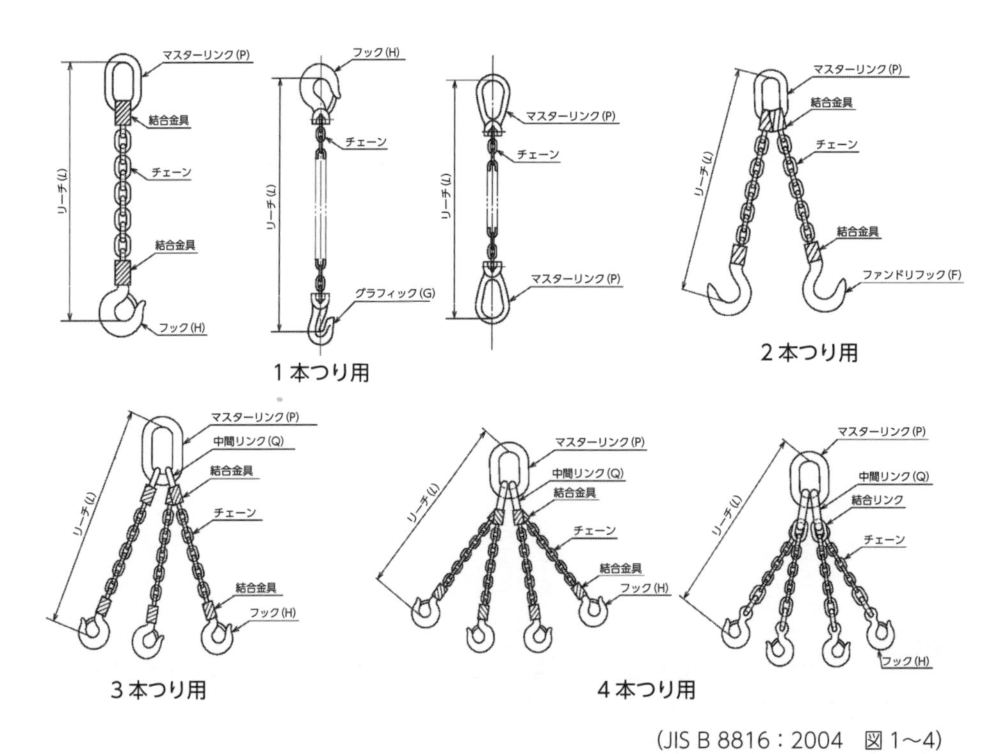

(JIS B 8816：2004　図1〜4)

図3-11　**チェーンスリングの例**

3.2.2 チェーンスリングの使用荷重

等級8および等級10のチェーンスリングの使用荷重の例を、**表3-8**に示します。

なお、高温下で使用する場合、または一度高温状態で使った後再び常温で使用する場合は、その温度に応じて使用荷重を減少させて使用します（**表3-9**）。

表3-8　チェーンスリングの使用荷重の例

(1) 等級8

単位　t

つり方		1本つり	2本つり		3本つりおよび4本つり	
つり角度α		α＝0°	α≦90°	90°＜α≦120°	α≦90°	90°＜α≦120°
垂直線との角度 β		β＝0°	β≦45°	45°＜β≦60°	β≦45°	45°＜β≦60°
モード係数 M		1	1.4	1	2.1	1.5
線径 (mm)	5	0.8 以下	1.12 以下	0.8 以下	1.68 以下	1.2 以下
	5.6	1.0 以下	1.4 以下	1.0 以下	2.1 以下	1.5 以下
	6.3	1.25 以下	1.75 以下	1.25 以下	2.62 以下	1.87 以下
	7.1	1.6 以下	2.24 以下	1.6 以下	3.36 以下	2.4 以下
	8	2.0 以下	2.8 以下	2.0 以下	4.2 以下	3.0 以下
	9	2.5 以下	3.5 以下	2.5 以下	5.25 以下	3.75 以下
	10	3.2 以下	4.48 以下	3.2 以下	6.72 以下	4.8 以下
	11.2	4.0 以下	5.6 以下	4.0 以下	8.4 以下	6.0 以下
	12.5	5.0 以下	7.0 以下	5.0 以下	10.5 以下	7.5 以下
	14	6.3 以下	8.82 以下	6.3 以下	13.23 以下	9.45 以下
	16	8.0 以下	11.2 以下	8.0 以下	16.8 以下	12.0 以下
	18	10.0 以下	14.0 以下	10.0 以下	21.0 以下	15.0 以下
	20	12.5 以下	17.5 以下	12.5 以下	26.25 以下	18.75 以下
	22.4	16.0 以下	22.4 以下	16.0 以下	33.6 以下	24.0 以下
	25	20.0 以下	28.0 以下	20.0 以下	42.0 以下	30.0 以下
	28	25.0 以下	35.0 以下	25.0 以下	52.5 以下	37.5 以下
	32	31.5 以下	44.1 以下	31.5 以下	66.15 以下	47.25 以下

(JIS B 8816：2004　附属書2表2)

(2) 等級 10

単位　t

つり方		1本つり	2本つり		3本つりおよび4本つり	
つり角度α		α = 0°	α ≦ 90°	90° < α ≦ 120°	α ≦ 90°	90° < α ≦ 120°
垂直線との角度 β		β = 0°	β ≦ 45°	45° < β ≦ 60°	β ≦ 45°	45° < β ≦ 60°
モード係数 M		1	1.4	1	2.1	1.5
線径 (mm)	5	1.0 以下	1.4 以下	1.0 以下	2.1 以下	1.5 以下
	5.6	1.25 以下	1.75 以下	1.25 以下	2.62 以下	1.87 以下
	6.3	1.6 以下	2.24 以下	1.6 以下	3.36 以下	2.4 以下
	7.1	2.0 以下	2.8 以下	2.0 以下	4.2 以下	3.0 以下
	8	2.5 以下	3.5 以下	2.5 以下	5.25 以下	3.75 以下
	9	3.2 以下	4.48 以下	3.2 以下	6.72 以下	4.8 以下
	10	4.0 以下	5.6 以下	4.0 以下	8.4 以下	6.0 以下
	11.2	5.0 以下	7.0 以下	5.0 以下	10.5 以下	7.5 以下
	12.5	6.3 以下	8.82 以下	6.3 以下	13.23 以下	9.45 以下
	14	8.0 以下	11.2 以下	8.0 以下	16.8 以下	12.0 以下
	16	10.0 以下	14.0 以下	10.0 以下	21.0 以下	15.0 以下
	18	12.5 以下	17.5 以下	12.5 以下	26.25 以下	18.75 以下
	20	16.0 以下	22.4 以下	16.0 以下	33.6 以下	24.0 以下
	22.4	20.0 以下	28.0 以下	20.0 以下	42.0 以下	30.0 以下
	25	25.0 以下	35.0 以下	25.0 以下	52.5 以下	37.5 以下
	28	31.5 以下	44.1 以下	31.5 以下	66.15 以下	47.25 以下
	32	40.0 以下	56.0 以下	40.0 以下	84.0 以下	60.0 以下

(JIS B 8816：2004　附属書 2 表 3)

表 3-9　各使用温度における使用荷重

単位　%

使用温度		−40℃を超え100℃以下	100℃を超え200℃以下	200℃を超え300℃以下	300℃を超え350℃以下	350℃を超え400℃以下	400℃を超え475℃以下	475℃を超え
等級	4	100	100	100	85	75	50	使用不可
	8	100	100	90	75	75	使用不可	
	10	100	90	75	65	60	使用不可	

(JIS B 8816：2004　附属書 3 表 1)

ポイント　低温の場所でチェーンを使用する際は、衝撃を与えないよう特に注意しましょう。

3.2.3 使用上の注意

(1)　選択・使用にあたっての注意

・つり角度を確かめ、角度に応じて、製品に表示されている使用荷重の範囲内で使用する。

・安全係数は、クレーン則の規定により５または４以上とする。（チェーンスリングに表示されたメタルタグまたはラベルを確認すること。表示のないものは安全係数を５として使用する。）

・チェーンの摩耗および伸びによる使用限界を守り、変形およびき裂が生じているものは使用しない。

・常時、振動を受ける用途に使用する場合は、使用荷重を軽減させて使用する。

・欠陥の生じたチェーンを溶接、肉盛または熱処理を施すなどして再使用しない。

・荷をつり下げたままで、長時間放置しない。

・チェーンがねじれたり、もつれたりしたまま使用しない。

・荷の角にチェーンが当たるときは、パッドを当て、品物を保護すると同時に、チェーンも保護する。

(2)　保管・管理上の注意

・チェーンスリングを使用しないときは、環境のよい適切な場所に、つり下げ装置を設けた格納場所を定め、使用荷重別につり下げてさびないように保管する。

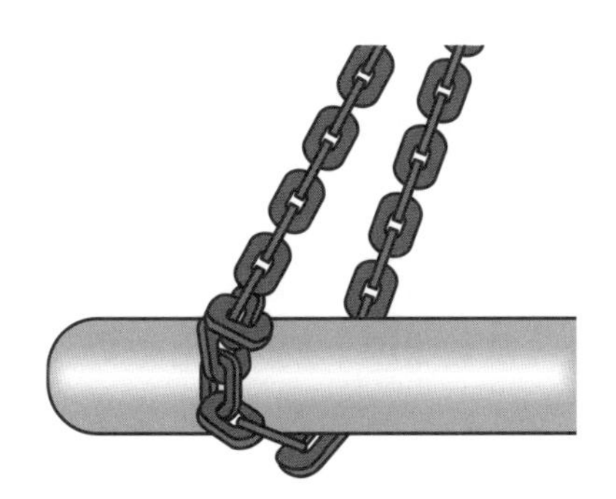

図 3-12　ねじれたまま使用しない

図 3-13　使用荷重別につるして保管

3.2.4 フック

フックは、対象物を引っ掛けるための金具で、先がかぎのように曲がった形状をしており、容易に対象物に掛け外しができるため、各種スリングの先端に取り付け

図 3-14　フック

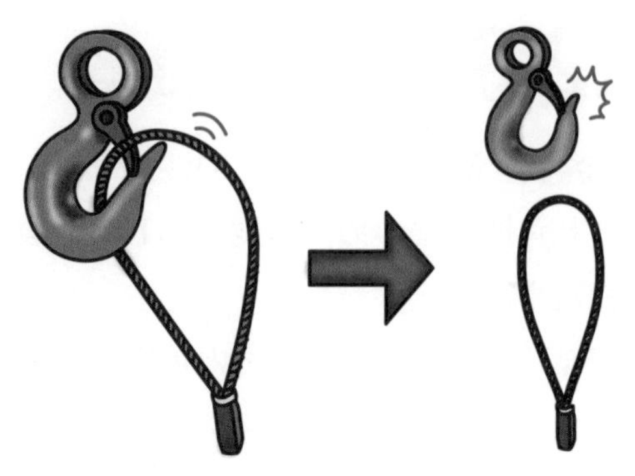

ワイヤロープが立ち上がり、フック先端を越えると、フックから外れるおそれがある

図 3-15　ワイヤロープがフックから外れる現象

図 3-16　ロッキングフック

られるなど、玉掛け作業になくてはならないものです（**図 3-14**）。

上部の連結部分に環が設けられている「アイフック型」と、アイではなくねじを切ったシャンク部を設けてナットで接続する「シャンクフック型」といった種類があります。

また最近では、外れ止め装置の付いたフックが増えていますが、その場合でも作業の状況によってワイヤロープがフックから外れてしまうこともあり得ます（**図 3-15**）。そこで二重外れ止め装置を装備したものや、荷重がかかると外れ止め装置が閉まってロック装置がかかる「ロッキングフック」は、万が一のロープ外れを防止できることから、高所作業や重量物つりなどに使用されています（**図 3-16**）。

フックの使用にあたっては、使用荷重を超えないこと、フック付近で溶接作業を行ったりフック自体を溶接しないこと、放り投げたり重量物の下敷きにしないこと、などに注意します。

3.3 繊維スリング

繊維スリングは、軽量で柔軟であることから、つりチェーンやワイヤロープでは傷がついてしまうような荷をつるときに使用されています。化学繊維のベルトによるベルトスリングと、単糸をより合わせたより糸をさらに束ねて芯体としたラウンドスリングなどの種類があります。

3.3.1 ベルトスリング

ナイロンやポリエステル、ポリプロピレンなどの化学繊維のベルトにアイや金具を取り付けた玉掛用具です（**図 3-17**）。軽量で荷を傷つけないため、使用が拡大しています。

(1) ベルトスリングの種類

ベルトスリングには、用途により「一般用」と、酸、アルカリなど化学薬品が付着する用途に使用する「化学薬品用」があります。また、形式により「両端アイ形」「金具付き」「エンドレス形」に区分されています（**表 3-10**）。

(2) ベルトスリングの破断荷重

ベルトスリングは、ⅠからⅣの4つの等級に分けられ、その等級や型式、ベルト幅ごとに、JISで破断荷重が定められています（**表 3-11**）。また、最大使用荷重は**表 3-12**のとおりです。

(3) ベルトスリングの使用上の注意

・化学薬品には、化学薬品用であることを表示したものを使用し、使用後は十分

図 3-17　ベルトスリングの例

表 3-10　ベルトスリングの区分

区　分	記　号	特　徴
両端アイ形	E	両端にアイがあるもの
金具付き	K	両端または片端のアイにリング、マスターリンク、フックなどの金具を取り付けたもの
エンドレス形	N	エンドレス状のもの

（JIS B 8818：2015 より）

表3-11　ベルトスリングの破断荷重

単位　kN

幅 W (mm)	形式および記号							
	両端アイ形、金具付き注) E、K				エンドレス形 N			
	等級および記号							
	Ⅰ	Ⅱ	Ⅲ	Ⅳ	Ⅰ	Ⅱ	Ⅲ	Ⅳ
25	30以上	40以上	50以上	60以上	60以上	75以上	100以上	125以上
35	50以上	60以上	75以上	100以上	100以上	125以上	150以上	190以上
50	60以上	75以上	100以上	125以上	125以上	150以上	190以上	250以上
75	100以上	125以上	150以上	190以上	190以上	250以上	300以上	400以上
100	125以上	150以上	190以上	250以上	250以上	300以上	400以上	500以上
150	190以上	250以上	300以上	400以上	400以上	500以上	600以上	750以上
200	250以上	300以上	400以上	500以上	500以上	600以上	750以上	1000以上
250	300以上	400以上	500以上	600以上	600以上	750以上	1000以上	1250以上
300	400以上	500以上	600以上	750以上	750以上	1000以上	1250以上	1500以上

注）金具の破断荷重は加味しない。

（JIS B 8818：2015　表5）

表3-12　ベルトスリングの最大使用荷重

単位　t

幅 W (mm)	形式および記号							
	両端アイ形、金具付き E、K				エンドレス形 N			
	等級および記号							
	Ⅰ	Ⅱ	Ⅲ	Ⅳ	Ⅰ	Ⅱ	Ⅲ	Ⅳ
25	0.5	0.63	0.8	1	1	1.25	1.6	2
35	0.8	1	1.25	1.6	1.6	2	2.5	3.2
50	1	1.25	1.6	2	2	2.5	3.2	4
75	1.6	2	2.5	3.2	3.2	4	5	6.3
100	2	2.5	3.2	4	4	5	6.3	8
150	3.2	4	5	6.3	6.3	8	10	12.5
200	4	5	6.3	8	8	10	12.5	16
250	5	6.3	8	10	10	12.5	16	20
300	6.3	8	10	12.5	12.5	16	20	25

（JIS B 8818：2015　表3）

ポイント

繊維スリングの安全係数は法令の定めはありませんが、「ベルト部分は6以上、金具付きのものの金具部分は5以上」とJISで定められ、日本クレーン協会も推奨しています。

に水洗いしてから保管する。
・角張った荷には必ず当てものを使用し、横滑りさせないように注意する。
・使用温度は、100℃以下とし、常温（参考－30℃～50℃）の温度範囲を超えて使用する場合は、使用荷重について製造業者の指示によらなければならない。
・水、油などにぬれると、滑りやすくなるので注意する。
・目通しつり（チョークつり）する場合は、深絞りしてつらなければならない。
・荷の下から引き抜くとき、ベルトスリングを損傷しないように注意する。
・ポリプロピレンから成るものは、紫外線に比較的弱いので、屋外で常時使用しない。
・ベルトスリングは、熱、日光、薬品などの影響を受けない場所に保管する。
・荷をつったままで、長時間放置しない。
・極端なねじれ、結びまたは互いに引っ掛けた状態で使用しない。
・ねじれた状態で長時間加圧したり、エッジ状のもので加圧した状態で放置しない。
・地面または床の上を引きずったり、金具付きのものを高所から落下させない。
・点検の結果、廃棄することになったベルトスリングまたは金具は、補修したり使用荷重を減らすなどして再使用してはならない。

3.3.2 ラウンドスリング

ラウンドスリングは、ナイロンやポリエステルなどの単糸をより合わせたより糸をさらに束ねて芯体としたもので、柔軟性に富むことなどから作業性が高く、また荷に傷をつけにくいなどの特徴を有しています。

(1)　ラウンドスリングの種類

両端にアイのある両端アイ形と、エンドレス状のエンドレス形の形式に分類されます（**図 3-18**）。また、これら一般用ラウンドスリングのほかに、化学薬品用や耐熱用といった種類もあります。

ポイント

繊維スリングは、角部を滑ることにより、一瞬にして傷つくため、角部のある荷をつる際は必ず当てものを使用するとともに、横滑りさせない玉掛け方法を守りましょう。また、繊維スリングは使用開始時からの耐用年数が JIS で定められ、日本クレーン協会も規格を定めています。取扱説明書を確認しましょう。

図 3-18　ラウンドスリングの例（左：両端アイ形、右：エンドレス形）

表 3-13　ラウンドスリングの使用荷重

つり方		ストレートづり	目通しづり（チョークづり）					バスケットづり							
形式	両端アイ形			α				α				α α			
	エンドレス形			α				α				α α			
つり角度 α		−	−	α = 0°	α ≦ 45°	45° < α ≦ 90°	90° < α ≦ 120°	α = 0°	α ≦ 45°	45° < α ≦ 90°	90° < α ≦ 120°	α = 0°	α ≦ 45°	45° < α ≦ 90°	90° < α ≦ 120°
モード係数 M		1	0.8	1.6	1.4	1.1	0.8	2	1.8	1.4	1	4	3.6	2.8	2
最大使用荷重 t	0.5	0.5	0.4	0.8	0.7	0.55	0.4	1	0.9	0.7	0.5	2	1.8	1.4	1
	1	1	0.8	1.6	1.4	1.1	0.8	2	1.8	1.4	1	4	3.6	2.8	2
	1.6	1.6	1.28	2.56	2.24	1.76	1.28	3.2	2.88	2.24	1.6	6.4	5.76	4.48	3.2
	2	2	1.6	3.2	2.8	2.2	1.6	4	3.6	2.8	2	8	7.2	5.6	4
	3.2	3.2	2.56	5.12	4.48	3.52	2.56	6.4	5.76	4.48	3.2	12.8	11.52	8.96	6.4
	5	5	4	8	7	5.5	4	10	9	7	5	20	18	14	10
	8	8	6.4	12.8	11.2	8.8	6.4	16	14.4	11.2	8	32	28.8	22.4	16
	10	10	8	16	14	11	8	20	18	14	10	40	36	28	20
	16	16	12.8	25.6	22.4	17.6	12.8	32	28.8	22.4	16	64	57.6	44.8	32
	20	20	16	32	28	22	16	40	36	28	20	80	72	56	40
	25	25	20	40	35	27.5	20	50	45	35	25	100	90	70	50
	32	32	25.6	51.2	44.8	35.2	25.6	64	57.6	44.8	32	128	115.2	89.6	64
	40	40	32	64	56	44	32	80	72	56	40	160	144	112	80
	50	50	40	80	70	55	40	100	90	70	50	200	180	140	100
	75	75	60	120	105	82.5	60	150	135	105	75	300	270	210	150
	100	100	80	160	140	110	80	200	180	140	100	400	360	280	200

（JIS B 8811：2015　表 A.1）

表 3-14　ラウンドスリングの表面布の色

最大使用荷重 t	0.5	1	1.6	2	3.2	5	8	10	16	20	25	32	40	50	75	100
表面布の色	灰色	紫	青	緑	黄色	赤	紺色	受渡当事者間の協定による。								

（JIS B 8811：2015　表 4）

(2)　ラウンドスリングの使用荷重

ラウンドスリングの使用荷重を**表 3-13** に示します。また、JIS B 8811 には、最大使用荷重により、表面布の色が定められています（**表 3-14**）。

(3)　ラウンドスリングの使用上の注意

前項のベルトスリングの使用上の注意と同様です。

3.4 その他の玉掛用具

3.4.1 つりクランプ

つり荷を噛み込んで把持し、つり上げ、運搬するための玉掛用具です。クランプには、つり上げたときの向きの違いによって、縦つりクランプと横つりクランプがあります。

縦つり・横つり兼用でねじ式つりクランプもあります（図 3-19）。つり荷の荷重に比例して締付け力が強くなる構造のため、つり荷を着地させたときは一気に無負荷となり緩むことになります。外れ防止用のロック装置のついたものの使用が望まれます。

そのほか、つりクランプの使用上の注意事項は以下のとおりです。

- ・縦つり用、横つり用があるので、作業に合ったものを選定する。
- ・使用板厚にも上限と下限があるので、ともに厳守する（図 3-20）。
- ・使用荷重には、最大使用荷重と最小使用荷重があるので、ともに厳守する。
- ・つりクランプをつり荷に取り付ける場合は、開口部の奥まで確実に差し込んで使用する（図 3-21）。
- ・つり上げ運搬作業中や反転作業中には、つり荷の落下、転倒範囲内に立ち入らない。つり荷は人の頭上を通過させない（図 3-22）。
- ・つり荷の温度が 150℃以上のもの、また、気温がマイナス 20℃以下のところで

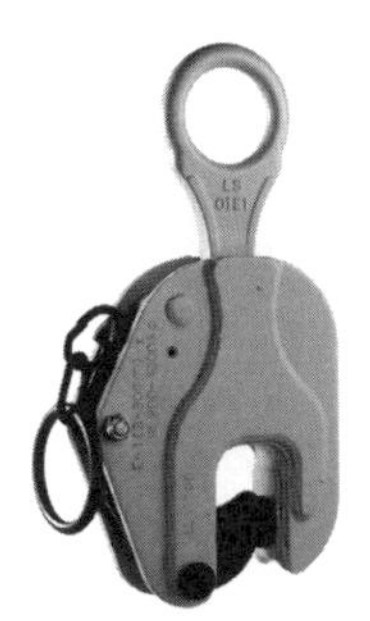

縦つりクランプ

横つりクランプ

ねじ式つりクランプ

図 3-19　つりクランプの例

ポイント　クランプの使用にあたっては、最大使用荷重を厳守するのはもちろんですが、つり荷が軽すぎてもクランプの締付け力が不足するので、最小使用荷重も下回ってはなりません。

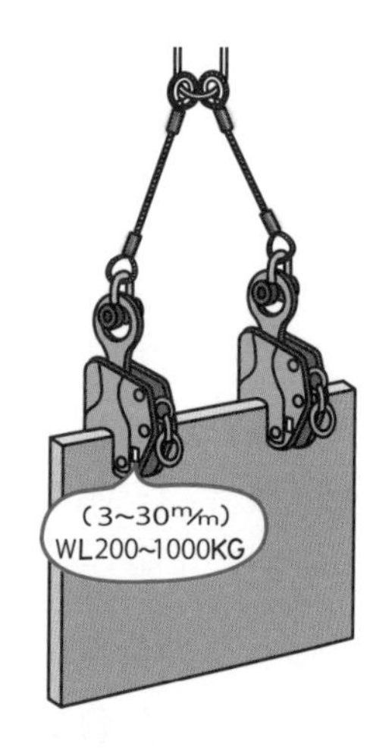

図 3-20　使用荷重・板厚の上限、下限を厳守

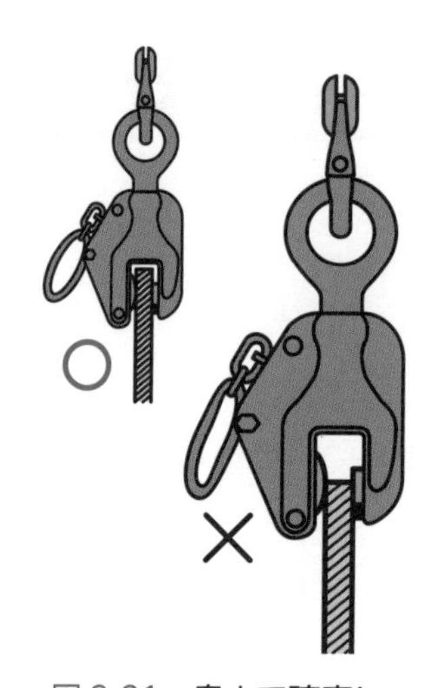

図 3-21　奥まで確実に差し込む

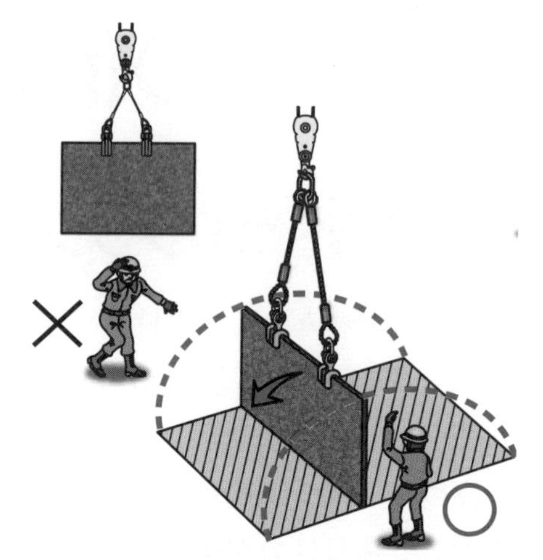

図 3-22　人の頭上を通過させない。つり荷の落下、転倒範囲内に立ち入らない

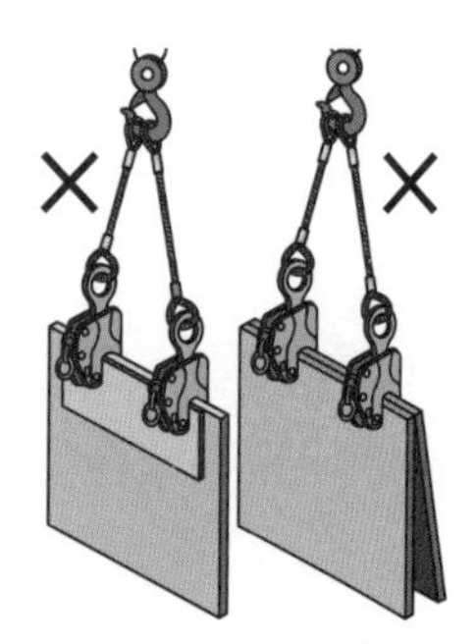

図 3-23　重ねづり、当てものづりは禁止

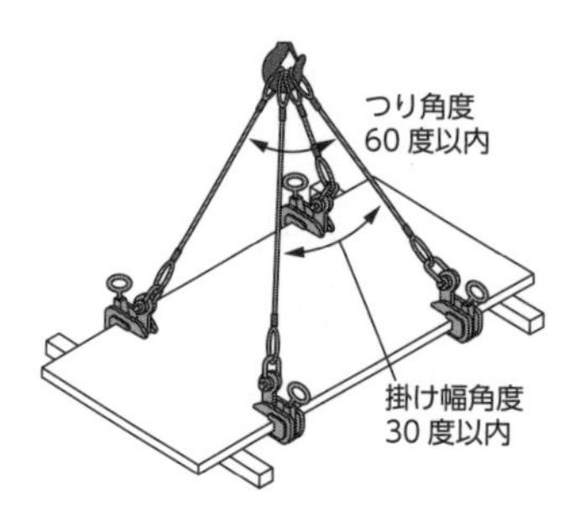

図 3-24　つり角度と掛け幅角度

図 3-25　ハッカーの例（左：1 本爪ハッカー、右：2 本爪ハッカー）

はつりクランプは使用しない。

・2 枚以上の重ねづりや当てものを当ててつりあげることはしない（**図 3-23**）。

・つり角度は 60 度以内、掛け幅角度は 30 度以内で使用する（**図 3-24**）。

・つり荷表面に油等が付着していたら、よく拭き取ってから使用する。

・ロック装置は必ず掛ける。

3.4.2 ハッカー

先端が爪の形をしている玉掛け用具です（**図 3-25**）。玉掛け用ワイヤロープ等と組み合わせて使用され、つり荷の水平面に爪を掛けてつり上げます。ハッカーの使用上の注意事項は以下のとおりです（**図 3-26**）。

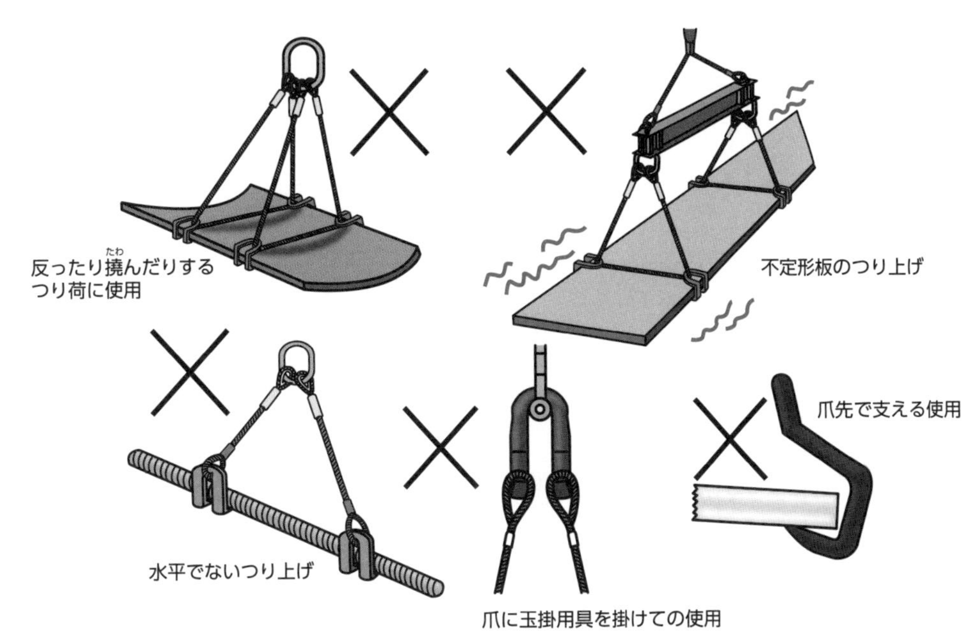

図 3-26　**ハッカーの不適切な使用**

・ハッカーの使用荷重や使用範囲、つり角度、掛け幅角度等を厳守する。
・つり荷の形や質量、板厚などに適したものを使用する。
・反ったり撓(たわ)んだりするつり荷には使わない。
・不定形板のつり上げは禁止。
・寸法の異なるつり荷を重ねてつらない。
・爪に玉掛用具を掛けての使用や片爪での使用は禁止。
・つり荷は必ず水平につる。　・爪先で支える使用は禁止。

3.4.3 シャックル

馬蹄形もしくはU字型をした荷役用補助具で、ワイヤロープ同士の連結や、ワイヤロープのアイと荷の結合、チェーン同士の連結など、玉掛けのさまざまな場面で重宝されています。JIS B 2801に規格が定められており、馬蹄形のものをバウシャックル、U字型のものをストレートシャックルと呼び、シャックル本体とシャックルボルトまたはシャックルピンとの組み合わせにより、**表 3-15**のように区分されています。呼び方は規格番号または規格の名称、等級、形式、呼び、使用荷重等によって表されます。等級は材料の引張強さにより、M、S、T、Vに区分され、「呼び」とは**図 3-27**のtの寸法（mm）をいいます。

表 3-15　シャックルの種類

	平頭ピン（A）	六角ボルト（B）	アイボルト（C）	アイボルト（D）
	丸せん（割りピン使用）	ナット（割りピン使用）	ねじ込み	ねじ込み
バウシャックル（B）	BA	BB	BC	BD
ストレートシャックル（S）	SA	SB	SC	SD

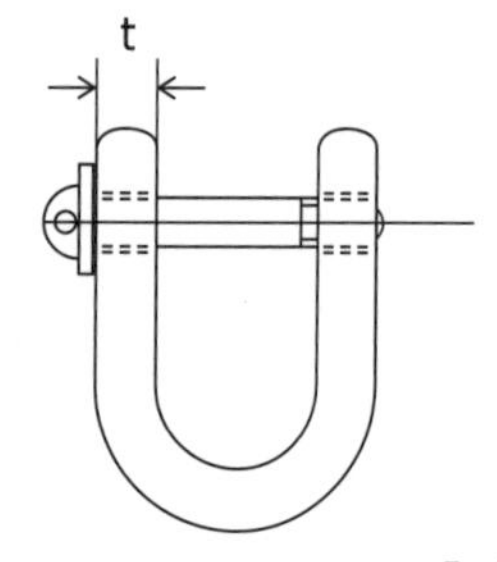

図 3-27　シャックルの「呼び」

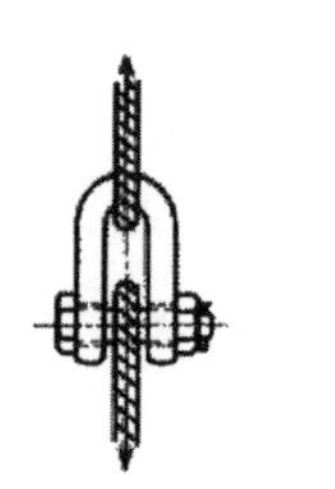

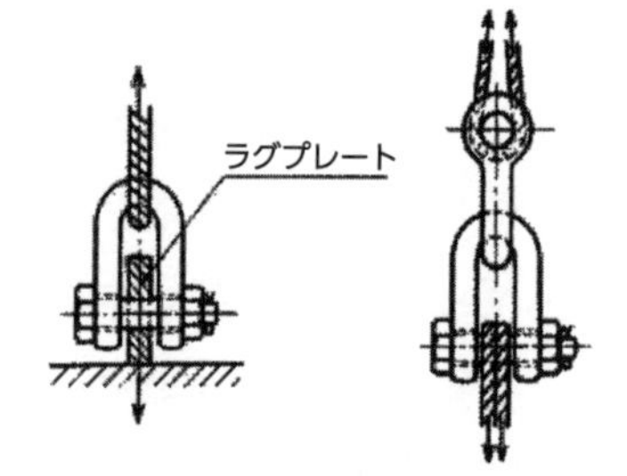

図 3-28　シャックルの使用方法

シャックルの取扱い上の注意事項は以下のとおりです。

・シャックルの取付けおよび荷重は、一般に**図 3-28** のように縦方向に荷重がかかるように使用する。

・斜めのつり角度をつけて使用する場合には、引張り角度に応じて**図 3-29** に示す減少率によって、使用荷重を減少させて使用する。

・ボルト・ナットおよび丸栓を使用する形式のシャックルは、必ず割りピンを用いる。

・シャックル本体に曲げの力が加わるような力のかけ方はしない（**図 3-30**）。

・シャックルに取り付けたワイヤロープが移動する可能性がある場合には、ボルトの回転を防止するために、**図 3-31** のように、常にボルト側にワイヤロープの固定端を取り付け、移動する可能性のあるワイヤロープは、シャックル本体側に取り付けて使用する。

表 3-16 シャックルの使用荷重表

単位 t

呼び	等級 M								等級 S		等級 T		等級 V	
	バウシャックル				ストレートシャックル				バウシャックル	ストレートシャックル	バウシャックル	ストレートシャックル	バウシャックル	ストレートシャックル
	BA	BB	BC	BD	SA	SB	SC	SD	BB	SB	BB	SB	BB	SB
6	–	–	0.2	0.15	–	–	0.2	–	–	–	–	–	–	–
8	–	–	0.315	0.315	–	–	0.315	–	–	–	–	–	–	–
10	–	–	(0.6)	0.5	–	–	(0.6)	0.4	0.8	0.8	1	1	1.25	1.25
12	–	–	1	(0.7)	–	–	1	0.63	1.6	1.6	2	2	2.5	2.5
14	–	–	1.25	(0.9)	–	–	1.25	0.8	2	2	2.5	2.5	3.15	3.15
16	–	–	1.6	(1.2)	–	–	1.6	1	2.5	2.5	3.15	3.15	4	4
18	–	–	2	(1.3)	–	–	2	–	3.15	3.15	4	4	5	5
20	–	2.5	2.5	1.8	–	2.5	2.5	1.6	4	4	5	5	6.3	6.3
22	–	3.15	3.15	–	–	3.15	3.15	2	5	5	6.3	6.3	–	–
24	–	(3.6)	(3.6)	–	–	(3.6)	(3.6)	2.5	6.3	6.3	–	–	8	8
26	–	4	4	–	–	4	4	3.15	–	–	8	8	10	10
28	–	(4.8)	(4.8)	–	–	(4.8)	(4.8)	(3.5)	8	8	10	10	12.5	12.5
30	–	5	5	–	–	5	5	4	–	–	–	–	–	–
32	–	6.3	6.3	–	–	6.3	6.3	–	10	10	12.5	12.5	16	16
34	(7)	(7)	(7)	–	(7)	(7)	(7)	5	–	–	–	–	–	–
36	8	8	8	–	8	8	8	–	12.5	12.5	16	16	20	20
38	(9)	(9)	(9)	–	(9)	(9)	(9)	6.3	–	–	–	–	–	–
40	10	10	10	–	10	10	10	(7)	16	16	20	20	25	25
42	(11)	(11)	–	–	(11)	(11)	–	8	–	–	–	–	–	–
44	12.5	12.5	–	–	12.5	12.5	–	–	20	20	25	25	31.5	31.5
46	(13)	(13)	–	–	(13)	(13)	–	–	–	–	–	–	–	–
48	14	14	–	–	14	14	–	10	–	–	–	–	–	–
50	16	16	–	–	16	16	–	–	25	25	31.5	31.5	40	40
52	–	–	–	–	–	–	–	12.5	–	–	–	–	–	–
55	18	18	–	–	18	18	–	–	–	–	–	–	–	–
58	–	–	–	–	–	–	–	16	–	–	–	–	–	–
60	20	20	–	–	20	20	–	–	31.5	31.5	40	40	50	50
65	25	25	–	–	25	25	–	–	40	40	50	50	63	63
70	31.5	31.5	–	–	31.5	31.5	–	–	50	50	63	63	80	80
75	(35)	(35)	–	–	(35)	(35)	–	–	–	–	–	–	–	–
80	40	40	–	–	40	40	–	–	63	63	80	80	100	100
85	45	45	–	–	45	45	–	–	–	–	–	–	–	–
90	50	50	–	–	50	50	–	–	80	80	100	100	125	125

備考 (　) の付けていない数値は、JIS Z 8601 に規定する標準数による。

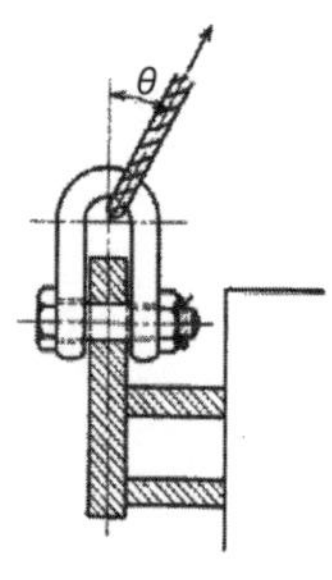

引張り角度 θ°	使用荷重 減少率 %
0～5	0
6～15	15
16～45	30
46～90	50

図 3-29　引張り角度による使用荷重減少率

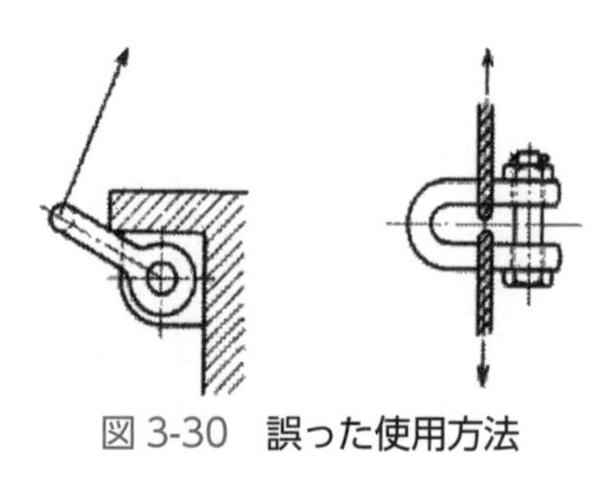

図 3-30　誤った使用方法

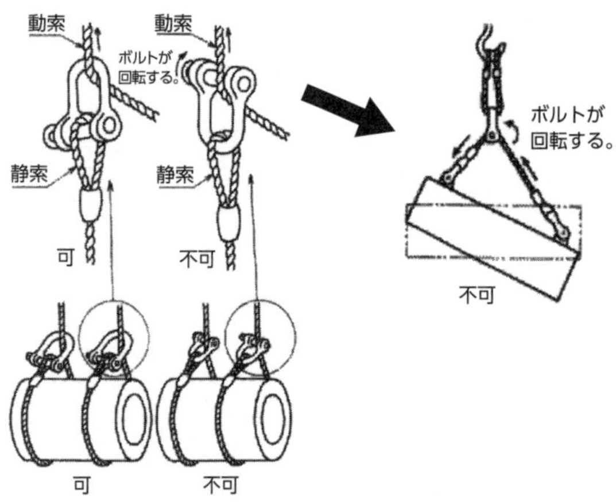

図 3-31　移動するワイヤロープの取付方法

(図 3-28～31　JIS B 2801：1996　参考 1 図 1～3)

図 3-32　アイボルト（上）、アイナット（下）の例

3.4.4 アイボルト・アイナット

アイボルト・アイナットは、雄ねじもしくは雌ねじがついた金属製のリングで、機械や部品などにあらかじめ取り付けておくことで、玉掛け作業が容易になります（**図 3-32**）。

使用上の注意事項は、下記のとおりです。

・横向きの力に対しては強度が低いので、横方向の荷重はかけない（**図 3-33**）。
・座面が接合面に密着するように、しっかりとねじ込んで使用する。最後まで締めることでアイの向きが合わない場合には、座金を入れるなどして調整する。

図 3-33 横方向の荷重はかけない

図 3-34 つりピースの例

3.4.5 各種つりピース

これまでに玉掛用具として、玉掛け対象物をつり上げる器具や用具をみてきましたが、玉掛け対象物にも、つりピースとして玉掛用具を取り付けるピースが取り付けられています（**図 3-34**）。これらのピース類については設計段階で安全荷重を計算し、取り付けられているはずですが、玉掛けの際には、安全荷重を確認して、玉掛けに使用しましょう。

3.4.6 つりビーム、もっこ

つりビームは、長尺のつり荷をつり上げる際などに利用されるビーム状のつり具です（**図 3-35**）。ワイヤロープ等を垂直にしてつり上げる効果もあります。特にハッカー等を使用するときには有効です。使用にあたっては、構造や最大使用荷重に注意して選定し、多点つりを行う際はスリング長を調整して偏荷重とならないように気をつけます。

一方、もっこは小型の荷やバラ物をまとめてつり上げるために使用するものです（**図 3-36**）。ワイヤロープ製や繊維ロープ製があり、ネットスリングと呼ばれることもあります。

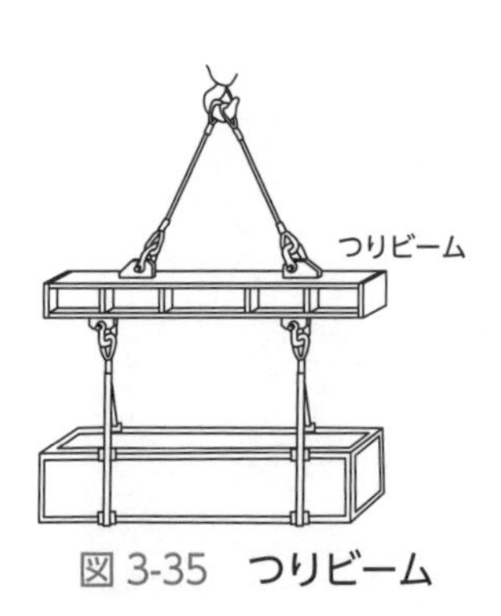

図 3-35　つりビーム

図 3-36　もっこ

図 3-37　永磁式リフティングマグネット

図 3-38　バッテリー式リフティングマグネット

3.4.7 リフティングマグネット

磁力を利用したつり具です。鋼板やビレット、スクラップなどのつり具として利用されており、鋼板用では、つり上げる枚数を任意に選択できるものもあります。

磁石の種類により、永久磁石を用いた「永磁式」(**図 3-37**)、電磁石を用いた「電磁式」、永久磁石を用いるが吸着時と取り外し時は通電して行う「永電磁式」、電磁石の電源用バッテリーを備えた「バッテリー式」(**図 3-38**) などの種類があります。

ポイント

ハッカーやリフティングマグネットなどを使用しているときは、危険なつり方として、つり荷の下に労働者を立ち入らせてはならないと規定されています (クレーン則第 29 条)。もちろん、他のつり具で作業する場合も、つり荷の下は立ち入り禁止です。

※前版では「リフチングマグネット」(lifting magnet) と表記していましたが、JIS B 0146-1 等にならい「リフティングマグネット」と表記します。

3.4.8 補助具

(1)　当てもの

角ばったつり荷で玉掛用具を傷めそうな場合や、逆に傷つきやすい荷をつるときに、それぞれを保護するために用いられます（**図 3-39**）。布製のもののほか、ゴム製、金属製などさまざまなものが使われています。

(2)　まくら

玉掛け作業を効率よく行い、玉掛用具やつり荷を保護するためにつり荷の下に敷く木製等の台です（**図 3-40**）。玉掛け作業者が、足を荷ではさまれないよう保護する効果もあります。まくらを使用するうえでの注意事項は以下のとおりです。

・高さ、長さが揃った２本１組のものを使用する。

・荷の下にまくらを入れる際や、位置を微調整する際は、まくらの上面に手をかけると荷にはさまれるおそれがあるので、側面をはさむように手を添える（**図 3-41**）。

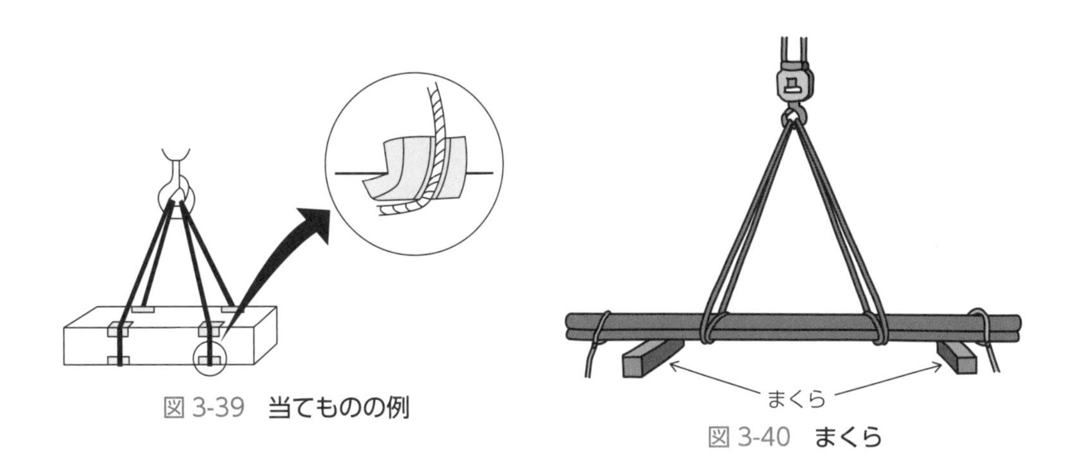

図 3-39　**当てものの例**

図 3-40　**まくら**

図 3-41　**まくらと手の関係**

3.5 玉掛用具の点検

玉掛用具は、重量物をつり上げるという過酷な作業を繰り返し行うものであり、大変傷みやすい用具と考える必要があります。その使用頻度やつり上げ荷重の強さなど、使用状況によって傷み度合いも変わることから、日常点検だけでなく、定期的に点検して、不良なものは補修・交換しておき、常に安全に使用できる状態にしておかなければなりません。

クレーン則では、玉掛用具であるワイヤロープ、つりチエーン、繊維ロープ、繊維ベルトまたはフック、シャックル、リング等の金具（以下「ワイヤロープ等」という）を用いて玉掛けの作業を行うときは、その日の作業を開始する前に当該ワイヤロープ等の異常の有無について点検を行わなければならないと定めており、異常を認めたときは直ちに補修しなければならない、とされています。

また、「玉掛け作業の安全に係るガイドライン」では、玉掛用具に係る定期的な点検の時期および担当者を定めるべきことを示しています。それぞれの用具について**巻末（表A～表H）**に掲げる点検方法や判定基準に従って点検を実施し、補修が必要な場合は補修します。ただしその際、加熱、溶接または局所高加圧による補修は行ってはなりません。

第4章

玉掛け作業および合図の方法

本章のポイント

- 玉掛け作業の手順と安全に作業を進めるための方法、担当者別の役割について学びます。
- 玉掛け作業者および合図者と、クレーン運転者との意思疎通を図るための合図の方法を身につけます。

玉掛け作業は、製造業や建設業において日常的に行われている作業ですが、不適切な玉掛け等が原因とみられる災害が、毎年数多く発生しています。そのなかには、玉掛け方法が適正でなかったり、劣化・損傷した玉掛用具を使用したためにつり荷が落下したものなど、基本的な安全措置が不十分であったものがみられます。また、つり上げ荷重が小さいクレーンや、比較的軽いつり荷の玉掛け作業においても死亡災害が発生しています。

こうした災害を防ぐためには、玉掛け作業者はもちろん、クレーン運転者や合図者など作業にかかわる者すべてが、安全な作業の進め方について、十分に理解しておかなければなりません。

4.1 玉掛け作業の前に

4.1.1 作業標準等の作成

事業者は、玉掛け作業を含む荷の運搬作業（以下「玉掛け等作業」という。）の種類・内容に応じ、下記の事項について、玉掛け等作業の安全の確保に十分配慮した作業標準を定め、関係労働者に周知しなければなりません。

・従事する労働者の編成
・クレーン等の運転者、玉掛け者、合図者等の作業分担
・使用するクレーン等の種類および能力
・使用する玉掛用具
・玉掛けの合図

また、作業標準が定められていない玉掛け等作業を行う場合は、当該作業を行う前に、作業標準に盛り込むべき上記事項について明らかにした作業計画を作成し、作業に従事する労働者に周知します。もちろん労働者は、作業標準や作業計画をよ

豆知識　「作業標準」とは、作業条件、作業方法、管理方法、使用材料、使用設備その他の注意事項などに関する基準を規定したものをいいます（JIS Z 8141）。

く理解したうえで、作業に臨まなければなりません。

4.1.2 玉掛け等作業に係る作業配置の決定

事業者は、あらかじめ定めた作業標準または作業の計画に基づき、運搬する荷の質量、形状等を勘案して、玉掛け等作業を行うクレーン等の運転者、玉掛け者、合図者、玉掛け補助者等の配置を決定するとともに、玉掛け等作業に従事する労働者の中から当該玉掛け等作業に係る責任者（以下「玉掛け作業責任者」という。）を指名します。そして指名された玉掛け作業責任者は、荷の種類、質量、形状および数量、運搬経路等の作業に関連する情報を事業者より受け取り、関係する作業者に伝達します。詳細は次項のとおりです。

4.1.3 作業前打合せの実施

玉掛け等作業を行うに当たって玉掛け作業責任者は、作業開始前に、関係労働者を集めて作業前ミーティングを実施し、以下に掲げる事項について、玉掛け等作業に従事する労働者全員に指示、周知させます。

(1)　作業の概要

①　玉掛け者が実施する事項

玉掛けを行うつり荷の種類、質量、形状および数量を周知させます。

②　運搬経路を含む作業範囲に関する事項

運搬経路を含む作業範囲、当該作業範囲における建物、仮設物等の状況および当該作業範囲内で他の作業が行われている場合は、その作業の状況を周知させます。

③　労働者の位置に関する事項

玉掛け者、合図者および玉掛け補助者の作業位置、運搬時の退避位置およびつり荷の振れ止めの作業がある場合は、当該作業に係る担当者の位置を周知させます。

ポイント

退避位置は、つり荷の端から走行もしくは横行方向の 45 度方向、または旋回外方向へ2m以上離れた位置とします。

(2) 作業の手順

① 玉掛けの方法に関する事項

玉掛け者に対し、使用する玉掛用具の種類、個数および玉掛けの方法を指示します。また、複数の労働者で玉掛けを行う場合は、主担当者を定めます。

② 使用するクレーン等に関する事項

使用するクレーン等の仕様（つり上げ荷重、定格荷重、作業半径）について玉掛け作業に従事する労働者全員に周知するとともに、移動式クレーンを使用する場合は、当該移動式クレーンの運転者に対し、据付位置、据付方向および転倒防止措置について確認させます。

③ 合図に関する事項

使用する合図の方法について具体的に指示するとともに、関係労働者に合図の確認を行わせます。

④ 他の作業との調整に関する事項

運搬経路において他の作業が行われている場合には、当該作業を行っている労働者に退避を指示する者を指名するとともに、当該指示者に対し退避の時期および退避場所を指示します。

⑤ 緊急時の対応に関する事項

不安全な状況が把握された場合は、作業を中断することを全員に確認させるとともに、危険を感じた場合にクレーン等の運転者に作業の中断を伝達する方法について指示します。

(3) 作業時の服装

玉掛け作業では、重量物を取り扱うことから、万が一の荷の落下等にも備えた服装が求められます。

・身体や手足を守るため、長袖・長ズボンの作業着を着用。袖口やズボンの裾は、きちんと締める。
・保護帽（ヘルメット）を必ず着用する。あごひももしっかりと締める。
・高所作業の場合には、フルハーネス型の墜落制止用器具を使用する。墜落制止用器具のフックは腰よりも高い位置にある適切な取付設備に忘れずに掛ける。

豆知識 無線操作式クレーンの運転を玉掛け者が行う場合も少なくありませんが、機上運転式と同じ資格が必要になります。すなわち、つり上げ荷重5t以上の無線操作式クレーンであれば、クレーン運転士免許が必要です。

図 4-1 玉掛け作業時の服装

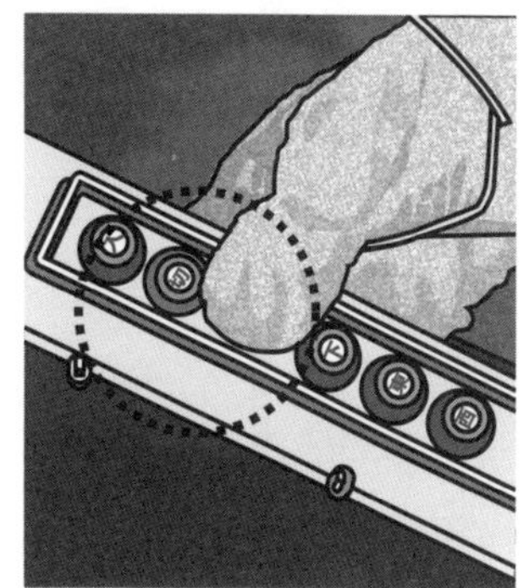

厚手の革手袋は、誤って別のボタンに触れる危険がある

図 4-2 革手袋の危険

・履き物は安全靴を履く。長編上げ靴か、脚絆（きゃはん）の使用が望ましい。

・玉掛け用ワイヤロープを用いる際は、素線などから手を守るために革手袋が有効。ただし、床上操作式等のクレーン運転を行う場合は、厚手の革手袋はペンダントスイッチの誤操作の原因ともなるため避ける。

表 4-1 玉掛け等作業のチェックリスト 1 作業前チェック

チェック項目	良	否
1-1 玉掛け特別教育（つり上げ荷重 1 トン未満のとき）を修了しているか	□	□
1-2 玉掛け技能講習（つり上げ荷重 1 トン以上のとき）を修了しているか	□	□
1-3 必要なクレーンの資格を持っているか	□	□
1-4 作業分担を確認しているか	□	□
1-5 つり荷の種類や質量、形状、数量などは確認しているか	□	□
1-6 玉掛けの方法、使用する玉掛用具は確認しているか	□	□
1-7 使用するクレーン等の種類・能力は確認しているか	□	□
1-8 合図の方法を確認しているか	□	□
1-9 運搬経路の確認を行ったか	□	□
1-10 緊急時の対応方法を確認しているか	□	□
1-11 保護帽を着用しているか	□	□
1-12 長袖・長ズボンの作業着を着用しているか	□	□
1-13 手袋を着用しているか	□	□
1-14 安全靴を履いているか	□	□
1-15 健康状態はよいか（だるさ／腰痛／手足の痺れなどはないか）	□	□

4.2 玉掛け等作業の実施

4.2.1 玉掛け等作業の手順

玉掛け等作業の一般的な実施手順を**図 4-3** に示します。作業の具体的な実施方法については、作業標準や作業計画に基づき玉掛け作業責任者が指示し、具体的な作業は主として玉掛け作業者が行います。作業時に行う指差し呼称のポイントの例を、**図 4-4** に示します。

玉掛け等作業の作業中において、各担当者が実施しなければならない事項は**4.2.2** から **4.2.10** のとおりです。

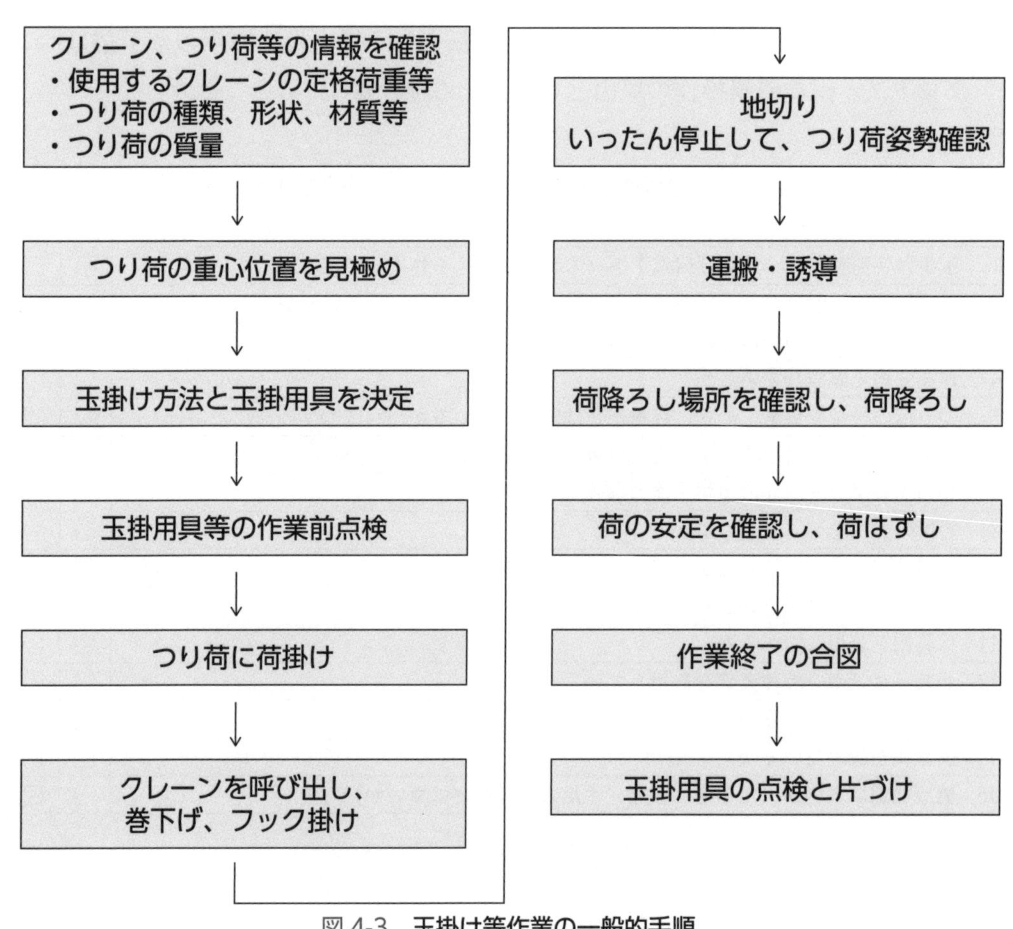

図 4-3　玉掛け等作業の一般的手順

指差し呼称のポイント

指差し呼称項目：センターヨシ！ → 地切りヨシ！ → 巻上げヨシ！ → 走行ヨシ！ → 巻下げヨシ！ → 着地ヨシ！ 荷はずしヨシ！

指差し呼称のタイミング	確認項目	次の行動
玉掛け完了時 （クレーンワイヤ緊張時）	・質量、つり具の確認 ・フックのセンター位置	地切り
地切り前	・自分の立つ位置 ・人払い	巻上げ
地切り後、巻上げ前	・荷の安定、動き ・つり具の状態 ・巻上げに障害となる物の有無	移動開始
走行・横行の開始前	・移動に障害となる物の有無 ・移動通路の確保　・人払い	走行・横行
巻下げ直前	・巻下げに障害となる物の有無 ・着地位置の状態 ・自分の身体の位置	着地
着地後、 荷はずし前	・つり荷の安定性 ・着地位置の確認（直角・水平）	荷はずし

図 4-4　玉掛け等作業時の指差し呼称のポイント

4.2.2 クレーン・つり荷等の情報の確認

前項の **4.1.3** で述べたとおり、使用するクレーンに関する情報や、質量や材質、重さなどつり荷に関する情報は、作業前打合せで説明されますので、それで間違いがないか、現物を前にして確認します。

(1)　玉掛け作業責任者が実施する事項

① つり荷の質量、形状および数量が事業者から指示されたものであるかを確認するとともに、使用する玉掛用具の種類および数量が適切であることを確認し、必要な場合は、玉掛用具の変更、交換等を行います。

② クレーン等の据付状況および運搬経路を含む作業範囲内の状況を確認し、必要な場合は、障害物を除去する等の措置を講じます。

(2)　玉掛け者が実施する事項

つり荷の質量および形状、数量が玉掛け作業責任者から指示されたものであるかを確認します。なお、つり荷の質量を目測しなければならない場合は、**表 2-1** (P.43)、**表 2-2** (P.44) などを参考に試算します。その際、安全のために、やや大きめに目測することが肝心です。詳しい方法を巻末の参考資料に例題として示してい

豆知識　労働安全衛生法第 35 条は、1 トンを超える貨物には重量を表示することを義務づけています。(P.130 参照)

ますので、参照して下さい。

4.2.3 つり荷の重心位置を見極め

物体の重心は、別々な点でつるしたときの垂直線の交わる点にあるので、**第2編**の **2.2.2** などを参考にしながら、つり荷の重心位置を見極めます (**表 4-4**)。

複雑な形状のつり荷のときは、2方向以上から目測して重心を判断するのが有効です。また、確実に重心をとるには、クレーン運転者と協力し微動巻上げをして持ち上がらなかったほうに玉掛け位置およびフックを移動させ、再度巻き上げて修正する作業をつり荷が安定するまで繰り返します。

表 4-2　玉掛け等作業のチェックリスト 2　つり荷の確認

チェック項目	良	否
2-1　つり荷の質量、数量、形状等は事前の指示のとおりか	□	□
2-2　つり荷の質量を仕様書・図面・送り状などで確認したか	□	□
2-3　（2-1、2-2 がない場合）質量の目測は十分行っているか	□	□
2-4　（2-1 ～ 2-3 の結果を受けて）予定していた玉掛用具の種類、数量は適切か	□	□
2-5　つり荷に重心の表示はあるか	□	□
2-6　（2-6 がない場合）重心の目測は行っているか	□	□
2-7　（2-6 がない場合）複雑な形状のつり荷は、複数の方向から目測を行っているか	□	□

表 4-3　玉掛け等作業のチェックリスト 3　運搬経路の確認

チェック項目	良	否
3-1　つり荷が通る高さに障害物はないか	□	□
3-2　（荷に付き添う場合）運搬経路に障害物・開口部等の危険はないか	□	□
3-3　（荷に付き添う場合）運搬経路に死角はないか	□	□
3-4　運搬経路の周囲に退避場所はあるか	□	□
3-5　運搬経路に他の作業者がいないか	□	□
3-6　運搬経路の近くの作業者に注意を促しているか	□	□
3-7　運搬先は斜面など不安定な場所ではないか	□	□

ポイント

「50cm 角の鉄は長さ 0.5m でおよそ 1t」「50cm 角の木材は長さ 5m でおよそ 0.5t」など、主な材料の質量の目安を覚えておくと、簡単に目測できます。

重心の見極めがついたら、つり荷にその位置を表示しておくと、あとで役立ちます。

表 4-4　基本形の重心の位置

形状		求め方	位置
平面形	三角形	三中線の交点、または三角形の一辺の中点よりそれに対応する中線の 3 分の 1 のところにある	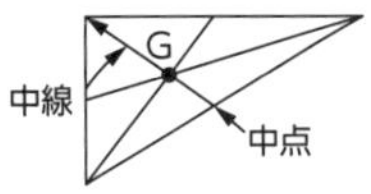
平面形	平行四辺形	対角線の交点にある	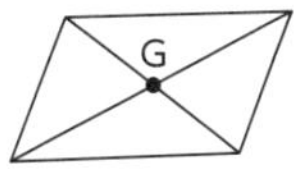
平面形	台形	台形を 2 つの三角形 ABD、ACD に分け、そのおのおのの重心 G_1、G_2 を結ぶ直線 G_1G_2 と、AB の中点と CD の中点を結ぶ直線 MN との交点にある	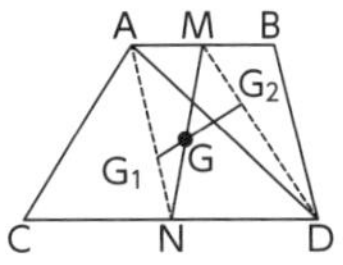
平面形	四辺形	四辺形の対角線 AC により分けられる三角形の重心をそれぞれ G_1、G_2 とし、さらに第 2 の対角線 BD により分けられる三角形の重心をそれぞれ G_3、G_4 とすれば、直線 G_1G_2 と G_3G_4 の交点にある	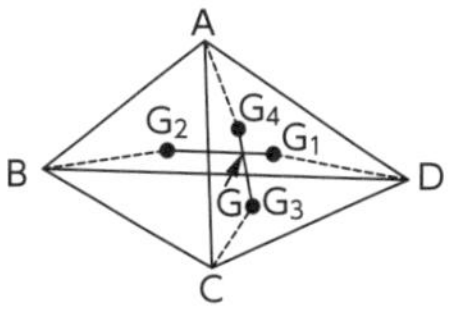
平面形	半円	中心から立てた垂直半径の約 5 分の 2 のところにある $y^G = \frac{4}{3}\cdot\frac{r}{\pi} = 0.42r$	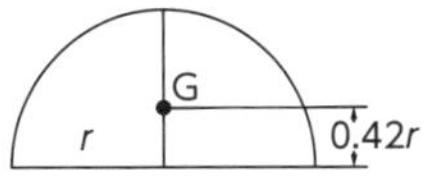
平面形	四半円	中心線上の中心から約 5 分の 3 のところにある $y^G = \frac{4\sqrt{2}}{3}\cdot\frac{r}{\pi} \fallingdotseq 0.6r$	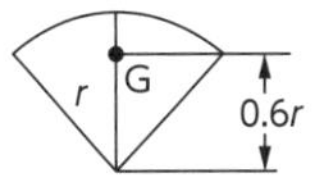
平面形	弓形	$y^G = 0.6h = 0.174r$	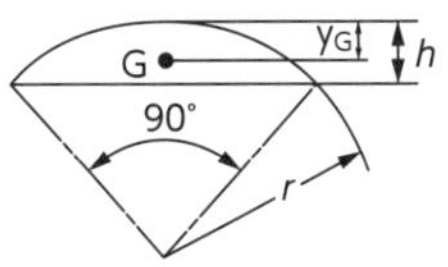

r：半径　　π：円周率（3.14）

注）曲面形、立体形の場合は「機械工学便覧」（日本機械学会）等を参照。

4.2.4 玉掛けの方法の選定

事業者は、玉掛け作業の実施に際しては、玉掛けの方法に応じて以下の事項に配慮して作業を行わせます。

(1) 共通事項

① 玉掛用具の選定に当たっては、必要な安全係数を確保するか、または定められた使用荷重等の範囲内で使用します。

② つり角度（**図 4-5** の α）は、原則として 90 度以内とします。

③ アイボルト形（ねじ込み式）のシャックルを目通しつりの通し部に使用する場合は、ワイヤロープのアイにシャックルの本体ではなくボルトを通します。

④ クレーン等のフックの上面および側面において、ワイヤロープが重ならないようにします。

⑤ クレーン等の作動中は直接つり荷および玉掛用具に触れてはいけません。

⑥ ワイヤロープ等の玉掛用具を取り外す際には、クレーン等のフックの巻き上げによって引き抜いてはいけません。

(2) 玉掛け用ワイヤロープによる方法

標準的な玉掛けの方法を以下に示します。それぞれ以下の事項に留意して玉掛け作業を行います。

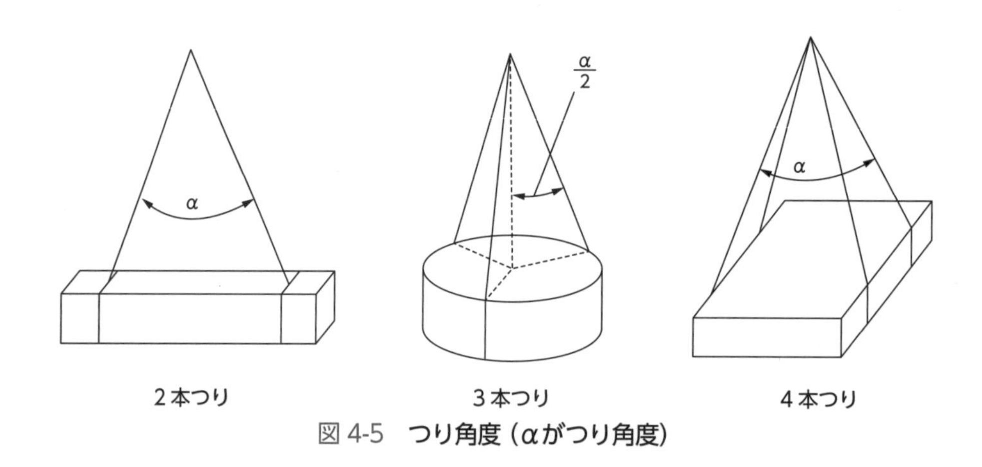

図 4-5　つり角度（αがつり角度）

① **2本2点つり、4本4点つり**（図 4-6、図 4-7）

(ア) 2本つりの場合は、荷が転位しないようにつり金具が荷の重心位置より上部に取り付けられていることを確認します。

(イ) フック部でアイの重なりがないようにし、クレーンのフックの方向に合ったアイの掛け順によって掛けるようにします。

② **2本4点あだ巻きつり**（図 4-8）、**2本2点あだ巻き目通しつり**（図 4-9）

(ア) あだ巻き部で玉掛け用ワイヤロープが重ならないようにします。

(イ) 目通し部を深しぼりする場合は、玉掛け用ワイヤロープに通常の2倍から3倍の張力が作用するものとし、その張力に見合った玉掛用具を選定します。

③ **2本4点半掛けつり**（図 4-10）

つり荷の安定が悪い（運搬時の荷の揺れ等により玉掛け用ワイヤロープの掛け位置が移動することがある）ため、つり角度は原則として60度以内とするとともに、当て物等により玉掛け用ワイヤロープがずれないような措置を講じます。

④ **2本2点目通しつり**（図 4-11）

(ア) アイボルト形のシャックルを使用する場合は、ワイヤロープのアイに

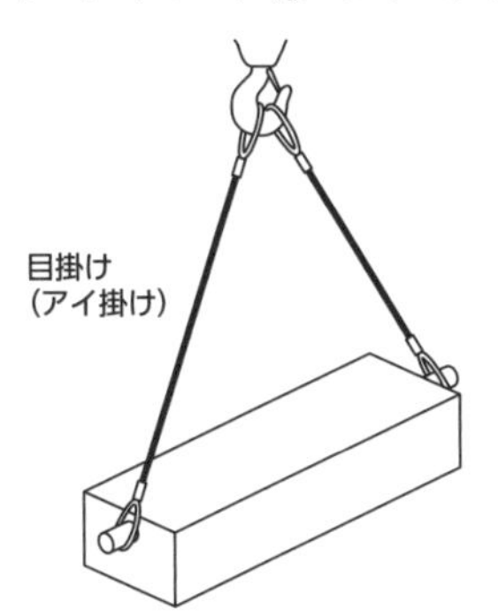

図 4-6　2本2点つり

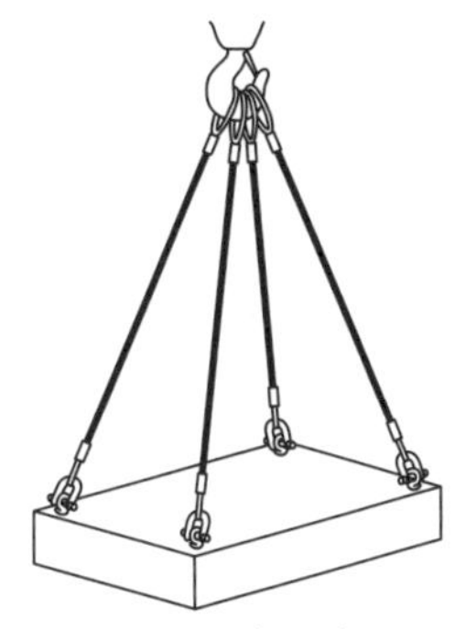
図 4-7　4本4点つり

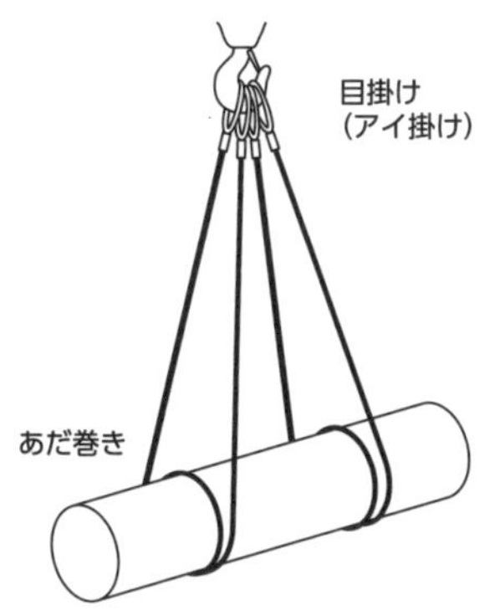

図 4-8　2本4点あだ巻きつり

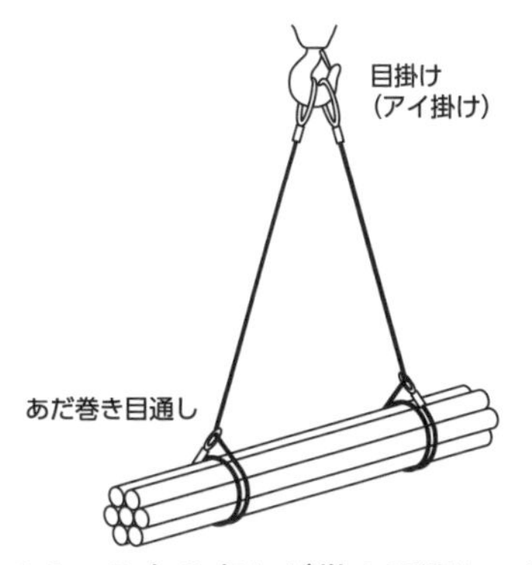

図 4-9　2本2点あだ巻き目通しつり

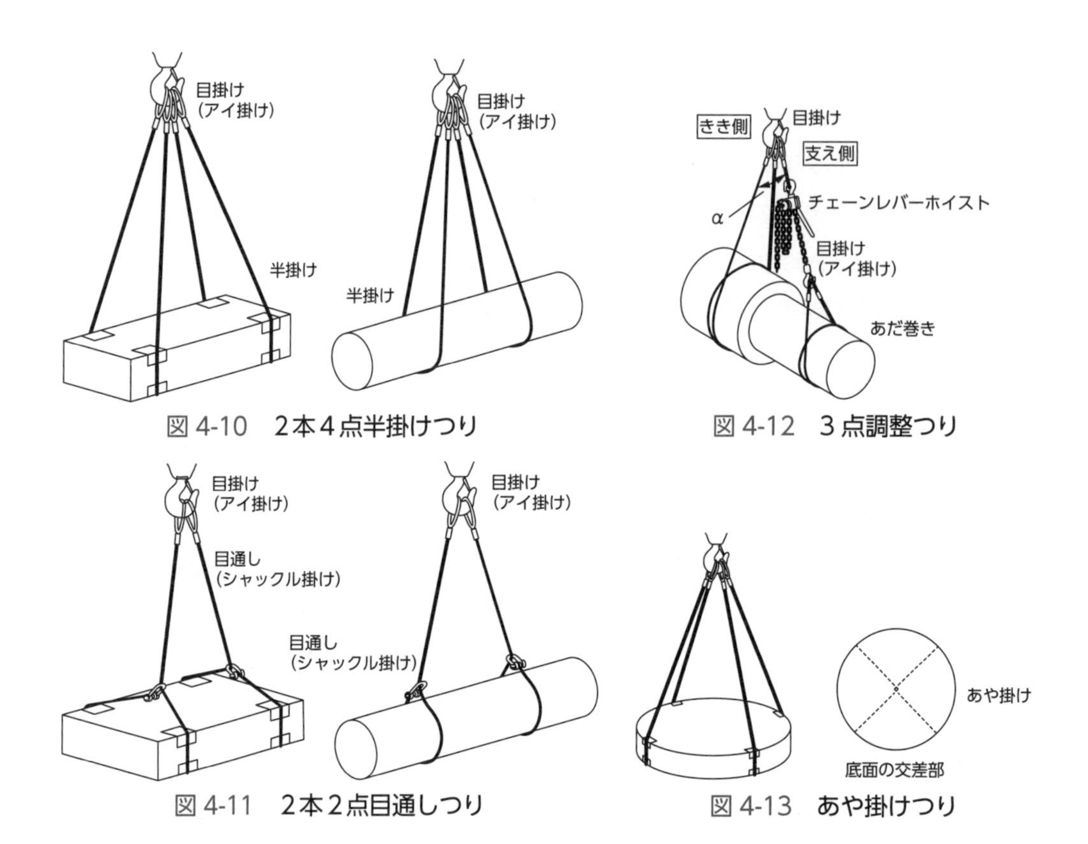

図 4-10　2本4点半掛けつり

図 4-12　3点調整つり

図 4-11　2本2点目通しつり

図 4-13　あや掛けつり

シャックルのボルトを通します（ボルトに回転の力がかからないように）。

(イ)　アイの圧縮止め金具に偏荷重が作用しないようなつり荷に使用します。

⑤　**3点調整つり（図 4-12）**

(ア)　調整器（図中のチェーンレバーホイスト）は支え側に使用します。

(イ)　調整器の上、下フックには、玉掛け用ワイヤロープのアイを掛けます。

(ウ)　調整器の操作は荷重を掛けない状態で行います。

(エ)　支え側の荷掛けがあだ巻き、目通しおよび半掛けの場合は、玉掛け用ワイヤロープが横滑りしない角度（つり角度（図 4-12 の α）が 60 度程度以内）で行います。

⑥　**あや掛けつり（図 4-13）**

(ア)　玉掛け用ワイヤロープを荷の底面の中央で交差させます。

(イ)　玉掛用具の選定は、玉掛け用ワイヤロープの交差部に通常の 2 倍程度の張力が作用することとして行います。

(3)　つりクランプ、ハッカーを用いた方法

①　製造者が定めている使用荷重および使用範囲を厳守します。

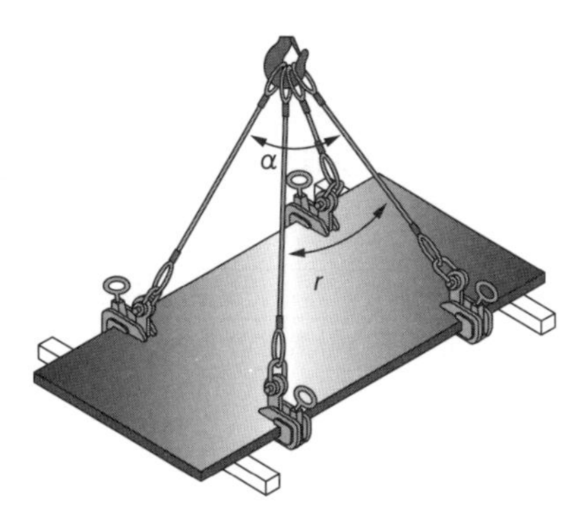

図 4-14　**つりクランプを使用する場合**

② 汎用つりクランプを使用する場合は、つり荷の形状に適したものを少なくとも2個以上使用します（平面時には4個以上）。

③ つり角度（**図 4-14** の α）は60度以内とします。

④ 横つりクランプを使用する場合は、掛け幅角度（**図 4-14** の r）は30度以内とします。

⑤ 荷掛け時のクランプの圧縮力により、破損または変形するおそれのあるつり荷には使用してはいけません。

⑥ つり荷の表面の付着物（油、塗料等）がある場合は、よく取り除いておきます。

⑦ 溶接での補修や改造されたハッカーは使用してはいけません。

4.2.5 玉掛用具の決定と作業開始前点検

(1) 玉掛け作業責任者が実施する事項

玉掛けの方法が適切であることを確認し、不適切な場合は、玉掛け者に改善を指示します。

(2) 玉掛け者が実施する事項

① 玉掛け作業に使用する玉掛用具を準備するとともに、当該玉掛用具について前章の **3.5** および巻末の参考資料「玉掛用具の点検基準表」に掲げた項目等について点検を行い、損傷等が認められた場合は、適正なものと交換します。

② 用意された玉掛用具で安全に作業が行えることを確認します。必要な場合は、玉掛け作業責任者に玉掛けの方法の変更または玉掛用具の交換を要請します。

(3) クレーン等運転者が実施する事項

① 作業開始前に使用するクレーン等に係る点検を行います。移動式クレーンを

表 4-5　玉掛け等作業のチェックリスト 4　玉掛け方法と用具の選定

チェック項目		良	否
4-1	玉掛け方法（掛け数、つり角度）は作業手順書で決められているとおりか	□	□
4-2	玉掛け方法は安全な方法に決められているか（不安定な一本つりや滑りやすいかけ方でないか）	□	□
4-3	玉掛用具は必要な安全係数が確保されているか。定められた使用荷重の範囲か	□	□
4-4	ワイヤロープに断線はないか(可視範囲での素線の1よりの間に9本以上の断線は不可)	□	□
4-5	ワイヤロープに腐食はないか	□	□
4-6	ワイヤロープにキンクはないか	□	□
4-7	シャックルなどのつり具に不具合はないか	□	□
4-8	ハッカーは溶接での補修や改造がされたものではないか	□	□
4-9	運搬先にあらかじめまくら・歯止め等の用具を用意してあるか	□	□

使用する場合は据付地盤の状況を確認して、必要な場合は地盤の補強等の措置を要請し必要な措置を講じた上で、打合せ時の指示に基づいて移動式クレーンを据え付けます。

② 運搬経路を含む作業範囲の状況を確認し、必要な場合は、玉掛け作業責任者に障害物の除去等の措置を要請します。

4.2.6 荷掛け・フック掛け

上記打合せ等で指示された方法によって、つり荷に玉掛用具を掛けます。完了し

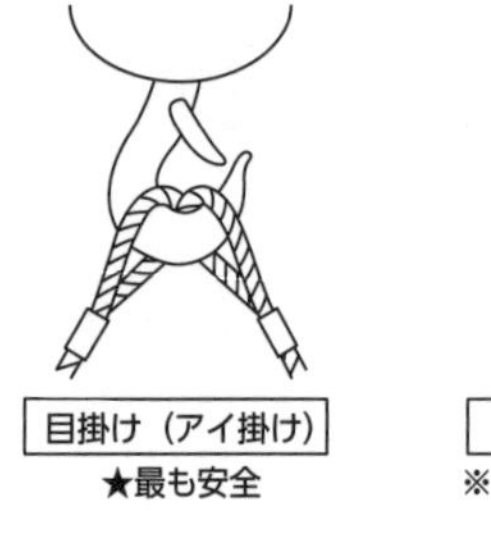

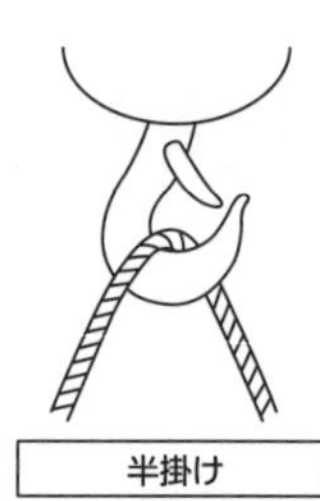

あだ巻き掛け
※ロープに癖がつきやすい
※ロープに均等な力がかかりにくい

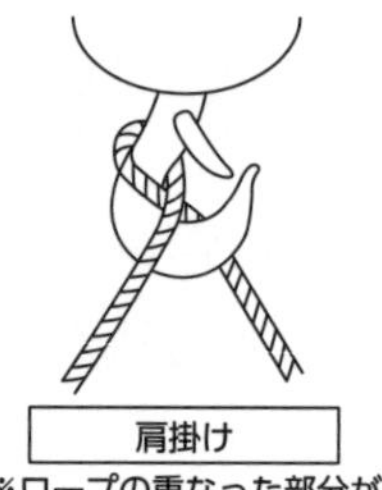

図 4-15　フック掛けの方法

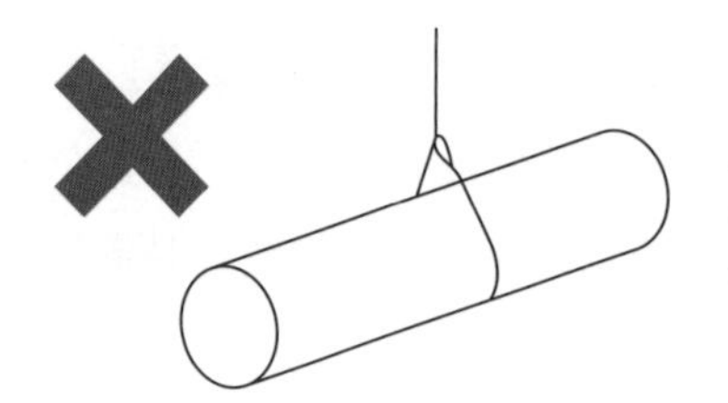

一本つりは、つり荷が水平方向に回転しやすく、ワイヤのよりが戻るなどワイヤロープを傷めやすい危険な方法であり、原則として禁止です。

図 4-16　一本つりは禁止

たら、クレーンを呼び出し、フックをつり荷の真上に移動させ、巻き下げて、玉掛用具のアイ等をフックに掛けます。

4.2.7 地切り

巻き上げてつり荷を地面から離すことを「地切り」といいます。10 ～ 20cm 巻き上げたところで荷の状態を確認し、つり荷が傾いていれば持ち上がらなかったほうに玉掛け位置およびフックを移動させ、再度巻き上げて修正する作業をつり荷が安定するまで繰り返します（**図 4-17**）。

地切り確認後、原則として 2m 以上の高さまで巻き上げます。ただし、床上操作式クレーンでは、できるだけ低い位置とします。

(1)　玉掛け者が実施する事項

① 荷揺れに備えて、周囲に退避場所があることを確認しておきます。

② 地切り時には、クレーンで微動巻上げしてワイヤロープの緊張を確認します（**図 4-18**）。

③ 荷揺れが起きそうなときは、直ちに巻上げを止めます（**図 4-19**）。

図 4-17　つり荷が安定するまで修正

ポイント　ワイヤロープがつり荷の角に当たる部分には、ワイヤの切断を防ぐため当てものを使用します。

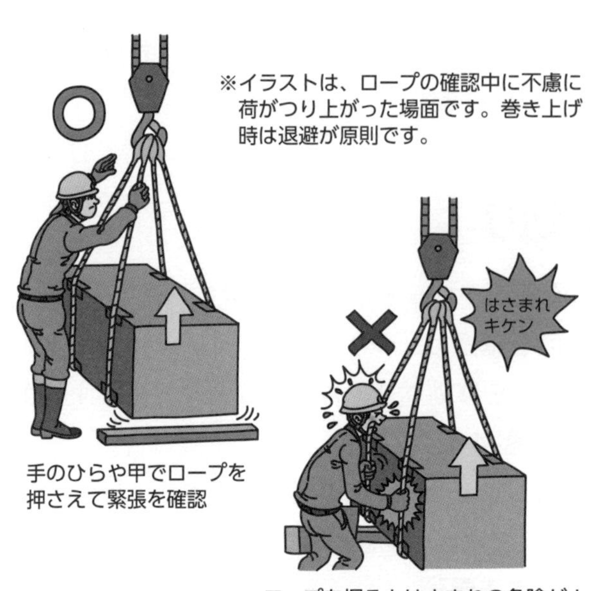

図 4-18　ワイヤロープの緊張を確認

図 4-19　荷揺れが起これば巻上げ停止を

ポイント　重要なのは気がかりを残さないこと！　少しでも不安があれば、巻上げを中止し、いったんつり荷を降ろして修正することが必要です。

表 4-6　玉掛け等作業のチェックリスト５　地切り、巻上げ作業

チェック項目	良	否
5-1　作業場所の周囲に待避場所は確保できたか	□	□
5-2　作業手順書で決められた方法・用具でワイヤロープ等を掛けているか	□	□
5-3　必要な箇所に適切に当てものをしているか	□	□
5-4　微動巻上げでワイヤロープの緊張を確認しているか	□	□
5-5　地切り後、一旦停止（約 10cm の高さ）して重心を確認しているか	□	□
5-6　地切り後、一旦停止（約 20cm の高さ）して荷の安定を再確認しているか	□	□
5-7　巻上げ時、各作業者は安全な位置に待避しているか	□	□
5-8　適切な高さ（2m 程度。床上操作式はできるだけ低い位置）に巻き上げているか	□	□

4.2.8 運搬・誘導

つり荷を原則として 2m 以上の高さまで巻き上げて、予定した荷降ろし場所まで誘導・運搬します。誘導は合図者が行い、合図者はつり荷に先行して進みます。玉掛け者が荷に付き添う時は、クレーンの走行もしくは横行方向の 45 度方向へ、つり荷端から 2m 以上離れた位置を歩きます（**図 4-20**）。

荷揺れを起こした場合は、手で止めようとするとつり荷に激突される危険があるので、直ちに退避し、クレーン運転者に止める合図を出します。長尺物のつり荷の場合は、介添えロープで安定させます（**図 4-21**）。

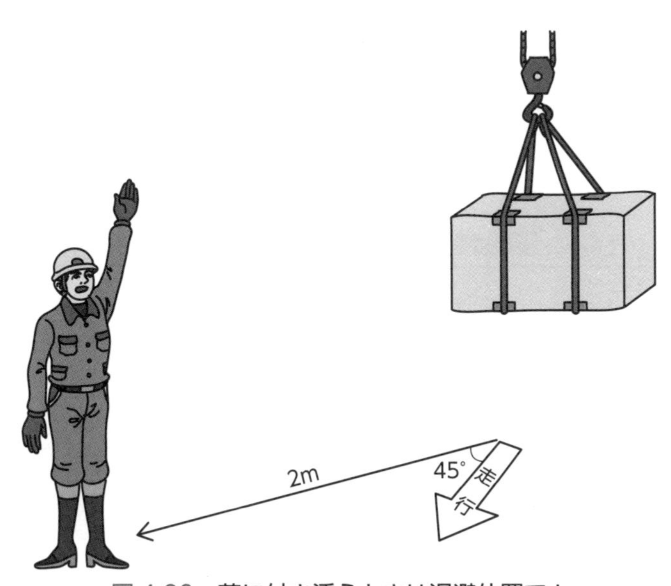

図 4-20　荷に付き添うときは退避位置で！

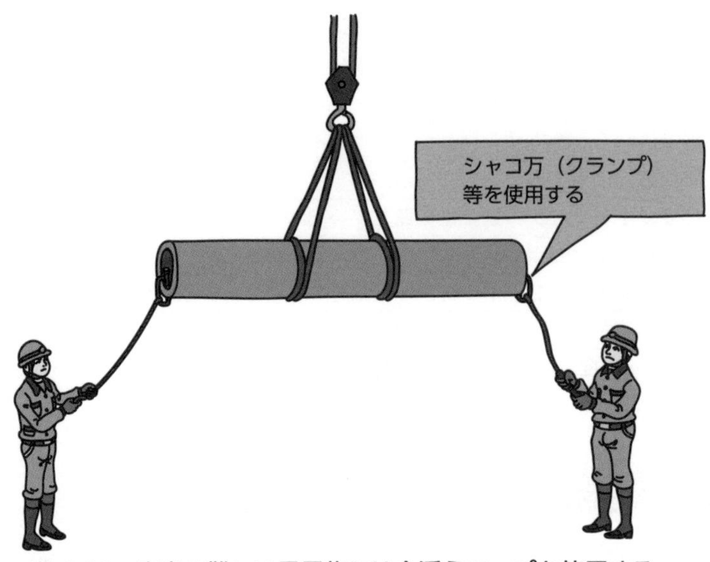

図 4-21　安定の難しい長尺物には介添えロープを使用する

(1)　玉掛け作業責任者が実施する事項

つり荷の落下のおそれ等不安全な状況を認知した場合は、直ちにクレーン等の運転者に指示し、作業を中断し、つり荷を着地させる等の措置を講じます。

(2)　玉掛け者が実施する事項

万一、荷の落下や荷揺れが発生したときに退避の障害になるものがないか、あらかじめ確認しておきます。

(3)　合図者が実施する事項

①　クレーン等運転者および玉掛け者を視認できる場所に位置し、玉掛け者からの合図を受けた際は、関係労働者の退避状況を確認するとともに、運搬経路に第三者の立入り等がないことを確認した上で、クレーン等運転者に合図を行い

表 4-7　玉掛け等作業のチェックリスト 6　運搬・誘導

チェック項目	良	否
6-1　運搬経路の安全（障害物、開口部等）を確認しているか	□	□
6-2　運搬経路に他の作業者はいないか	□	□
6-3　運搬経路の近くの作業者に注意を促しているか	□	□
6-4　（長尺物の場合）介添えロープを使用しているか	□	□
6-5　つり荷の下に入らないよう注意を徹底しているか	□	□
6-6　合図者はつり荷に先行しているか	□	□
6-7　（つり荷に付き添う場合）玉掛け作業者は安全な位置を保っているか	□	□
6-8　（床上操作式の場合）クレーン運転者は安全な位置を保っているか	□	□

ます（**図 4-22**）。

② 常につり荷を監視し、つり荷の下に労働者が立ち入っていないこと等運搬経路の状況を確認しながら、つり荷を誘導します。

③ つり荷が不安定になった場合は、直ちにクレーン等運転者に合図を行い、作

図 4-22　運搬経路近くの作業者には注意を促す

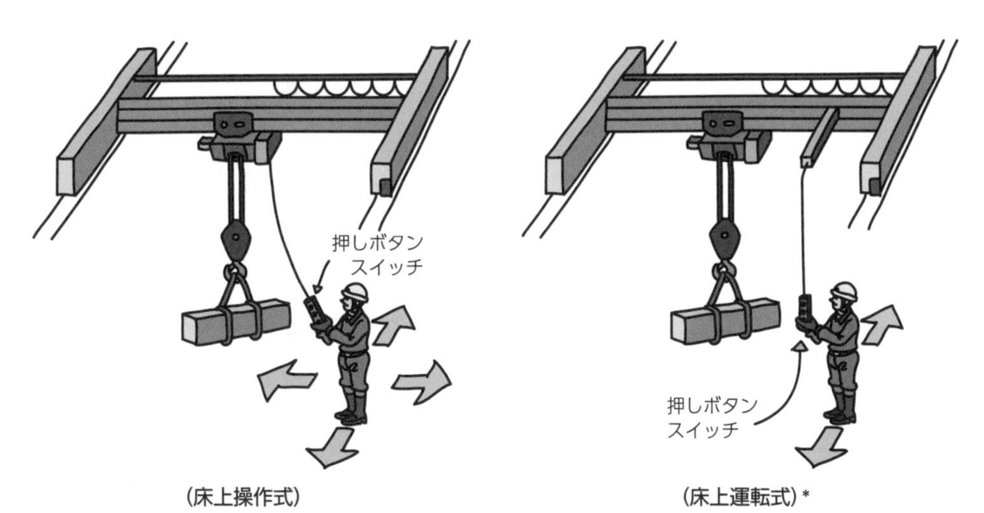

（床上操作式）
操作者がつり荷とともに移動できる。

（床上運転式）*
操作者は横行方向に移動できない。
＊この形式のクレーンは床上操作式の資格では運転できません。

図 4-23　クレーンの種類による操作者の移動方向の違い

ポイント　床上操作式クレーンやリフティングマグネットを使うときは、高く巻き上げず、できるだけ低い位置で運搬します。

業を中断する等の措置を講じます。

(4) クレーン等運転者が実施する事項

① つり荷の下に労働者が立ち入った場合は、直ちにクレーン操作を中断するとともに、当該労働者に退避を指示します。

② ジブクレーンや移動式クレーンを使用する場合で、つり荷の運搬中に定格荷重を超えるおそれが生じた場合は、直ちにクレーン操作を中断するとともに、玉掛け作業責任者にその旨連絡し、必要な措置を講じなければなりません。

4.2.9 荷降ろし、荷はずし

(1) 玉掛け者が実施する事項

荷を降ろす位置に到着したら、つり荷の着地場所の状況を確認し、打合せで指示されたまくら、歯止め等を配置する等荷が安定するための措置を講じます（図4-24）。まくらを配置したら、つり荷の下に入らないよう退避位置に移動して、巻下げ開始の合図をします（図4-25）。

着地前には巻下げを一時停止して、必要があれば手カギを使用して向きをなおします。位置ずれは、必ずクレーン操作で修正します（図4-26）。

着地したら一時停止して、安全を確認してからワイヤロープを緩めます。玉掛用具の取り外しは、着地したつり荷の安定を確認した上で行わなければなりません。またこのとき、クレーン操作でワイヤロープを引き抜いてはいけません（図4-27）。

(2) 合図者が実施する事項

つり荷を着地させるときは、つり荷の着地場所の状況および玉掛け者の退避位置を確認した上で行います。

4.2.10 作業終了の合図、玉掛用具の点検と片づけ

玉掛用具を外し、フックを高さ2mまで巻き上げたら、玉掛け作業終了の合図を

ポイント 床上運転式クレーンや無線操作式クレーンでは操作者がつり荷から離れていることが多く、より慎重な操作が必要です。

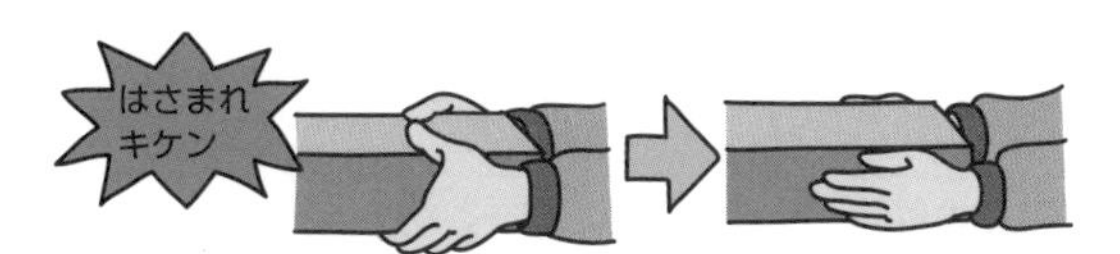

図 4-24　まくらは、上下はもたず左右から保持する

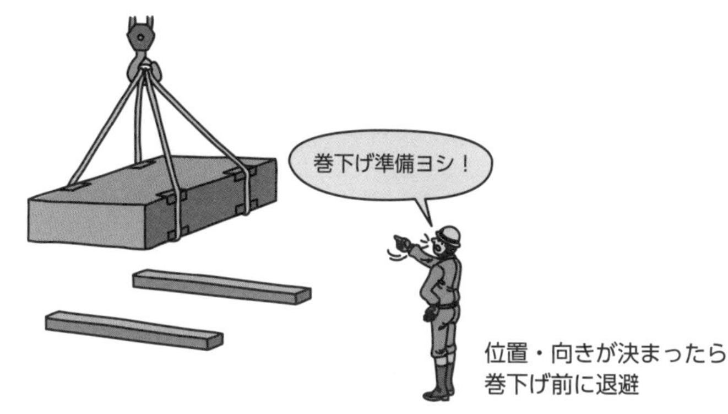

図 4-25　退避してから巻下げ開始

図 4-26　向きを直すには手カギを使用

図 4-27　クレーンによるワイヤロープの引抜きは厳禁

表 4-8　玉掛け等作業のチェックリスト７　荷降ろし、片づけ

チェック項目	良	否
7-1　あらかじめまくら・歯止め等の用具を配置しているか	□	□
7-2　荷揺れをしている時は、止めてから降ろしているか	□	□
7-3　各作業者は、巻下げ時に安全な位置に退避しているか	□	□
7-4　一旦停止（約 20cm の高さ）して、荷が着地位置の中央にあることを確認しているか	□	□
7-5　つり荷の方向修正は、一旦停止した状態で行っているか	□	□
7-6　まくらの位置を修正する場合、はさまれ防止のため側面を持つようにしているか	□	□
7-7　着地後に一旦停止して、ワイヤロープが緩んだ状態で荷の安定を確認しているか	□	□
7-8　歯止めは確実に当てているか	□	□
7-9　玉掛用具は使用後に点検・整備しているか（曲りクセを直す等）	□	□
7-10　玉掛用具は所定の位置に戻したか	□	□

します。作業終了後は、ワイヤロープを点検し、曲り等のクセを直してから、すべての道具を所定の位置に戻します。

4.3 合図の方法

玉掛け作業は、玉掛けを行う作業者とクレーンの運転者が息を揃えて行わなければうまくいきません。そのため、クレーン運転者に玉掛け作業者の意図を伝える方法が「合図」です。法令では、合図を行う合図者をあらかじめ指名して、指名された合図者がすべての合図を行うように規定されています。

合図には「手による合図」「手旗による合図」「笛による合図」などがあり、最近ではトランシーバーなどを使用した「声による合図」もよく使われています。一般的な合図法を以下に紹介しますが、どの合図の方法にしても、業種ごとや事業場ごとなどで細かな違いがあったりしますので、作業前に合図の方法についてよく打ち合わせておくことが大切です。

また、「笛による合図」は聞き取りにくいこともあるため、あくまで「手による合図」や「手旗による合図」の補助合図として使用し、単独で使用してはなりません。「声による合図」は、必ず復唱するよう習慣づけましょう。

合図者が留意すべき事項は、下記のとおりです。

・合図は指名された一人の合図者が行う。
・荷の動きや作業者の動きがよく見渡せ、かつクレーン運転者から見やすい位置取りで合図する。
・合図は必ず定められた方法で行う。
・玉掛け、巻上げ、巻下げなど、一つひとつの作業が安全に行われたことを確認したうえで合図を出す。

手による合図の方法

<table>
<tr>
<td>呼出し
片手を高く上げる。次いで位置を指し示す。
</td>
<td>巻上げ
片手を上に上げて輪を描く。または、腕を水平にして、手のひらを上に向けて上に振る。
</td>
<td>巻下げ
腕をほぼ水平にした後、手のひらを下に向けて下に振る。
</td>
<td>水平移動
腕を伸ばして水平にし、手のひらを移動方向に向けて動かす。
</td>
</tr>
<tr>
<td>ブーム上げ
親指を立て、他の指は握り、上方を指して動かす。
</td>
<td>ブーム下げ
親指を立て、他の指は握り、下方を指して動かす。
</td>
<td colspan="2">ブーム伸縮
ブームを伸ばすときは、こぶしを頭の上にのせた後、親指を立て、他の指は握り、斜め上を指して動かす。
ブームを縮めるときは、こぶしを頭の上にのせた後、同様の指の形で斜め下を指して動かす。
</td>
</tr>
<tr>
<td>微　動
小指を立てて、「巻上げ」「巻下げ」「水平移動」といった合図動作を行う。
</td>
<td>停　止
節度をつけて手のひらを高く上げる。
</td>
<td>急停止
両手を高く上げ、左右に激しく大きく振る。
</td>
<td>作業完了
挙手の礼または両手を頭の上で交差させる。
</td>
</tr>
</table>

手旗による合図の方法

呼出し	位置の指示	巻上げ	巻下げ
手旗を高く上げる。必要であれば笛の長吹きを併用する。 	なるべく近くの場所に行き旗で示す。 	手旗を上に上げて輪を描く。 	手旗をほぼ水平にして左右に振る。 
水平移動 (走行、横行、旋回を含む) 片手を移動の方向に水平に出し、手旗を上にあげ移動の方向に振る。 	**転　倒** (転位、反転) 手旗と手を平行に出して転倒の方向に回す。 	**ブーム上げ** 手旗を頭部に乗せ、次に手旗を上方に突き上げる。 	**ブーム下げ** 手旗を頭部に乗せ、次に手旗を下方に突き下げる。 
微　動 手旗と手で微動の距離を示した後、「巻上げ」「巻下げ」の場合にはそれぞれの合図を、「水平移動」の場合には手旗だけの合図をつづける。 	**停　止** 節度をつけて手旗を斜め上方に高く上げる。 	**急停止** 手旗と手を高く上げ、左右に激しく大きく振る。 	**作業完了** 挙手の礼をする。 

声による合図

運転合図 動作指示用語		程度用語		動作用語
		速度指示用語	移動量 用語	操作指示用語
巻上げ		・ゆっくり ・静かに	・チョイ ・チョイチョイ ・少し ・あと○○m	・巻け ・ゴーヘイ ・コゴーヘイ ・アップ
巻下げ		・ゆっくり ・静かに	・チョイ ・チョイチョイ ・少し ・あと○○m	・下げ ・スラー ・コスラー ・ダウン
起　伏		・ゆっくり ・静かに	・チョイ ・チョイチョイ ・少し	・起こせ ・ゴーヘイ、オヤゴーヘイ ・倒せ ・スラー、オヤスラー
伸　縮		・ゆっくり ・静かに	・チョイ ・少し ・あと○○m	・伸ばせ ・縮めろ
旋　回		・ゆっくり ・静かに	・チョイ ・少し ・あと○○m	・右 ・左 ・もどせ
走行	クレーン	・ゆっくり ・静かに	・チョイ ・少し	・東・西・南・北へ走行
	移動式 クレーン	・ゆっくり ・静かに	・チョイ ・少し	・前進、前 ・後進、後
横　行		・ゆっくり ・静かに	・チョイ ・少し	・東・西・南・北へ横行
停　止		・ゆっくり ・静かに	――	・ストップ ・止まれ

笛による合図

呼出し	ピ〜ーッ！
巻上げ	ピッ　ピッ
巻下げ	ピッ ピッ ピッ
微　動	ピッ
停　止	ピーッ！

第5章

関係法令

≫≫≫ 本章のポイント ≪≪≪

本章では、労働安全衛生法をはじめとした安全衛生法令について学びます。

- 法律、政令、省令とはなにかなど、関係法令を学ぶうえでの基本事項について
- 労働安全衛生法のあらましについて
- 労働安全衛生法施行令、労働安全衛生規則の関係条項について

5.1 関係法令を学ぶ前に

5.1.1 関係法令を学ぶ重要性

「法令」とは、法律とそれに関係する命令（政令、省令など）の総称です。

「労働安全衛生法」等は、過去に発生した多くの労働災害の貴重な教訓の上に成り立っているもので、今後どのようにすればその労働災害が防げるかを具体的に示しています。そのため、労働安全衛生法等を理解し、守るということは、単に法令遵守ということだけではなく、労働災害の防止を具体的にどのようにしたらよいかを知るために重要なのです。

もちろん、カリキュラムの時間数では、関係法令すべての内容を詳細に説明することはできません。また、受講者に内容すべての丸暗記を求めるものでもありません。まずは関係法令のうちの重要な関係条項について内容を確認し、作業手順等、会社や現場でのルールを思い出し、それらが各種の関係法令を踏まえて作られているという関係をしっかり理解することが大切です。関係法令は、慣れるまでは非常に難しいと感じられることが多いのですが、今回の受講を良い機会と捉えて、積極的に学習に取り組んでください。

5.1.2 関係法令を学ぶ上で知っておくこと

◆法律…国会が定めるもの。国が企業や国民に履行・遵守を強制するもの

◆政令…内閣が制定する命令。○○法施行令という名称が一般的

◆省令…各省の大臣が制定する命令。○○法施行規則や○○規則との名称が多い

◆告示…一定の事項を法令に基づき広く知らせるためのもの

(1) 法律、政令、省令および告示

国が企業や国民にその履行、遵守を強制するものが「法律」です。しかし一般に、法律の条文だけでは、具体的に何をしなければならないかはよくわかりません。法律には、何をしなければならないか、その基本的、根本的なことのみが書かれ、それが守られないときにはどれだけの処罰を受けるかが明らかにされていますが、その対象は何か、具体的に行うべきことは何かについては書かれていないのです。それらについては、「政令」や「省令（規則）」等で明らかにされています。

これは、法律にすべてを書くと、その時々の状況や必要性から追加や修正を行おうとしたときに時間がかかるため、詳細は比較的容易に変更が可能な政令や省令に書くこととしているためです。つまり、法律を理解するには、政令、省令（規則）等を含めた「関係法令」として理解する必要があるのです。

(2)　労働安全衛生法、政令および省令

労働安全衛生法については、政令としては「労働安全衛生法施行令」があり、労働安全衛生法の各条に定められた規定の適用範囲、用語の定義などを定めています。また、省令には「労働安全衛生規則」のようにすべての事業場に適用される事項の詳細等を定めるものと、特定の設備や、特定の業務等（クレーンに係る業務など）を行う事業場だけに適用される「特別規則」があります。構造規格などさらに詳細なものは告示として公表されます。労働安全衛生法と関係法令のうち、労働安全衛生にかかわる法令の関係を示すと**図 5-1** のとおりです。また、労働安全衛生法に係る行政

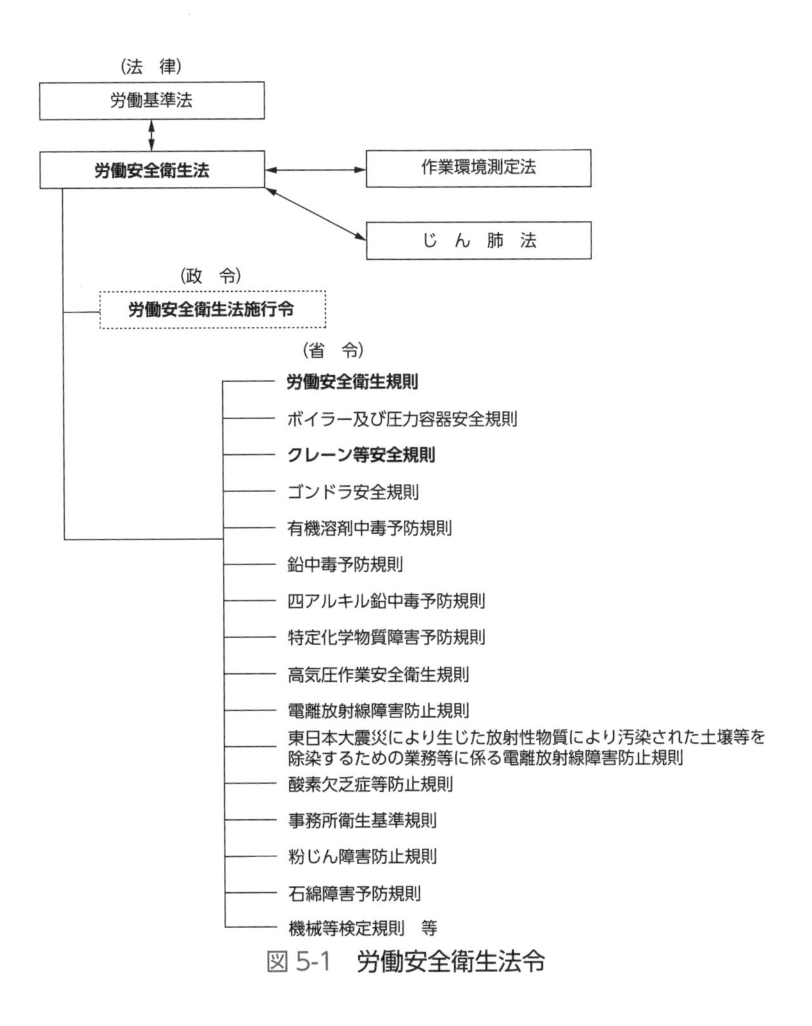

図 5-1　**労働安全衛生法令**

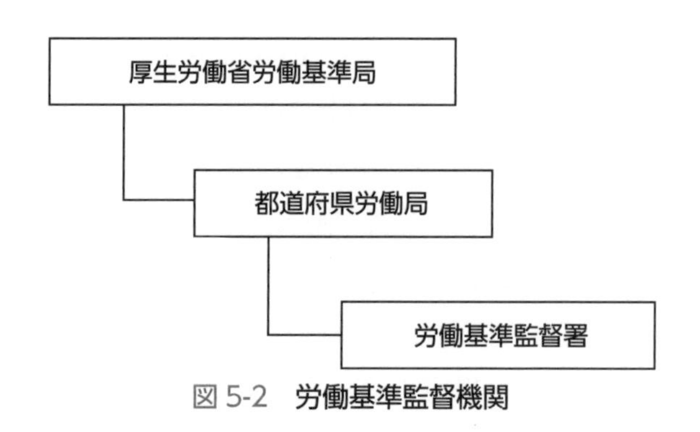

図 5-2　**労働基準監督機関**

機関は、**図 5-2** の労働基準監督機関になります。

(3)　通達、解釈例規

「通達」は、法令の適正な運営のために、行政内部で発出される文書です。これには2 つの種類があり、ひとつは「解釈例規」といわれるもので、行政として所管する法令の具体的判断や取扱基準を示すものです。もうひとつは、法令の施行の際の留意点や考え方等を示したもので、「施行通達」と呼ばれることもあります。通達は、番号（基発○○○○第○○号など）と年月日で区別されています。

みなさんに通達レベルまでの理解を求めるものではありませんが、省令・通達まで突き詰めて調べていくと、現場の作業で問題となっている細かな事項まで触れられていることが多いと言えます。これら労働災害防止のための膨大な情報の上に、会社や現場のルールや作業のマニュアル等が作られていることをしっかり理解してほしいものです。

5.2 労働安全衛生法のあらまし

昭和 47 年 6 月 8 日法律第 57 号
最終改正：令和元年 6 月 14 日法律第 37 号

5.2.1 総則（第 1 条～第 5 条）

労働安全衛生法（安衛法）の目的、法律に出てくる用語の定義、事業者の責務、労働者の協力、事業者に関する規定の適用について定めています。

> （目的）
> **第 1 条**　この法律は、労働基準法（昭和 22 年法律第 49 号）と相まつて、労働災害の防止のための危害防止基準の確立、責任体制の明確化及び自主的活動の促進の措置を講ずる等その防止に関する総合的計画的な対策を推進することにより職場における労働者の安全と健康を確保するとともに、快適な職場環境の形成を促進することを目的とする。

安衛法は、昭和 47 年に従来の労働基準法（労基法）の第 5 章、すなわち労働条件のひとつである「安全及び衛生」を分離独立させて制定されました。第 1 条は、労基法の賃金、労働時間、休日などの一般的労働条件が労働災害と密接な関係があるため、安衛法と労基法は一体的な運用が図られる必要があることを明確にしながら、労働災害防止の目的を宣言したものです。

> 【労働基準法】
> **第 42 条**　労働者の安全及び衛生に関しては、労働安全衛生法（昭和 47 年法律第 57 号）の定めるところによる。

> （定義）
> **第 2 条**　この法律において、次の各号に掲げる用語の意義は、それぞれ当該各号に定めるところによる。
> 1　労働災害　労働者の就業に係る建設物、設備、原材料、ガス、蒸気、粉じん等により、又は作業行動その他業務に起因して、労働者が負傷し、疾病にかかり、又は死亡することをいう。
> 2　労働者　労働基準法第 9 条に規定する労働者（同居の親族のみを使用する事業又は事務所に使用される者及び家事使用人を除く。）をいう。

> 3　事業者　事業を行う者で、労働者を使用するものをいう。
> 3の2～4　略

安衛法の「労働者」の定義は、労基法と同じです。すなわち、職業の種類を問わず、事業または事業所に使用されるもので、賃金を支払われる者を指します。

労基法は「使用者」を「事業主又は事業の経営担当者その他その事業の労働者に関する事項について、事業主のために行為をするすべての者をいう。」(第10条) と定義しているのに対し、安衛法は、「事業を行う者で、労働者を使用するものをいう。」とし、労働災害防止に関する企業経営者の責務をより明確にしています。

> (事業者等の責務)
> **第3条**　事業者は、単にこの法律で定める労働災害の防止のための最低基準を守るだけでなく、快適な職場環境の実現と労働条件の改善を通じて職場における労働者の安全と健康を確保するようにしなければならない。また、事業者は、国が実施する労働災害の防止に関する施策に協力するようにしなければならない。
> ②　機械、器具その他の設備を設計し、製造し、若しくは輸入する者、原材料を製造し、若しくは輸入する者又は建設物を建設し、若しくは設計する者は、これらの物の設計、製造、輸入又は建設に際して、これらの物が使用されることによる労働災害の発生の防止に資するように努めなければならない。
> ③　建設工事の注文者等仕事を他人に請け負わせる者は、施工方法、工期等について、安全で衛生的な作業の遂行をそこなうおそれのある条件を附さないように配慮しなければならない。

第1項は、第2条で定義された「事業者」、すなわち「事業を行う者で、労働者を使用するもの」の責務として、自社の労働者について法定の最低基準を遵守するだけでなく、積極的に労働者の安全と健康を確保する施策を講ずべきことを規定し、第2項は、製造した機械、輸入した機械、建設物などについて、設計者はじめそれぞれの者に、それらを使用することによる労働災害防止の努力義務を課しています。さらに第3項は、建設工事の注文者などに施工方法や工期等で安全や衛生に配慮した条件で発注することを求めたものです。

> **第4条**　労働者は、労働災害を防止するため必要な事項を守るほか、事業者その他の関係者が実施する労働災害の防止に関する措置に協力するように努めなければならない。

第4条では、当然のこととして、労働者もそれぞれの立場で労働災害の発生の防止のために必要な事項を守るほか、作業主任者の指揮に従う、保護具の使用を命じられた場合には使用する、などを守らなければならないことを定めています。

5.2.2 労働災害防止計画（第6条〜第9条）

労働災害の防止に関する総合的な対策を図るために、厚生労働大臣が策定する「労働災害防止計画」の策定等について定めています。

5.2.3 安全衛生管理体制（第10条〜第19条の3）

労働災害防止のための責任体制の明確化および自主的活動の促進のための管理体制として、①総括安全衛生管理者、②安全管理者、③衛生管理者（衛生工学衛生管理者を含む）、④安全衛生推進者（衛生推進者を含む）、⑤産業医、⑥作業主任者があり、安全衛生に関する調査審議機関として、安全委員会および衛生委員会ならびに安全衛生委員会があります。

また、建設業などの下請け混在作業関係の管理体制として①特定元方事業者、②統括安全衛生責任者、③安全衛生責任者について定めています。

5.2.4 労働者の危険または健康障害を防止するための措置（第20条〜第36条）

労働災害防止の基礎となる、いわゆる危害防止基準を定めたもので、①事業者の講ずべき措置、②厚生労働大臣による技術上の指針の公表、③元方事業者の講ずべき措置、④注文者の講ずべき措置、⑤機械等貸与者等の講ずべき措置、⑥建築物貸与者の講ずべき措置、⑦重量物の重量表示などが定められています。

(1)　事業者の講ずべき措置等

（事業者の講ずべき措置等）
第20条　事業者は、次の危険を防止するため必要な措置を講じなければならない。
1　機械、器具その他の設備（以下「機械等」という。）による危険
2　爆発性の物、発火性の物、引火性の物等による危険
3　電気、熱その他のエネルギーによる危険

第 21 条　事業者は、掘削、採石、荷役、伐木等の業務における作業方法から生ずる危険を防止するため必要な措置を講じなければならない。

②　事業者は、労働者が墜落するおそれのある場所、土砂等が崩壊するおそれのある場所等に係る危険を防止するため必要な措置を講じなければならない。

第 22 条　事業者は、次の健康障害を防止するため必要な措置を講じなければならない。

1　原材料、ガス、蒸気、粉じん、酸素欠乏空気、病原体等による健康障害
2　放射線、高温、低温、超音波、騒音、振動、異常気圧等による健康障害
3　計器監視、精密工作等の作業による健康障害
4　排気、排液又は残さい物による健康障害

第 23 条　事業者は、労働者を就業させる建設物その他の事業場について、通路、床面、階段等の保全並びに換気、採光、照明、保温、防湿、休養、避難及び清潔に必要な措置その他労働者の健康、風紀及び生命の保持のため必要な措置を講じなければならない。

第 24 条　事業者は、労働者の作業行動から生ずる労働災害を防止するため必要な措置を講じなければならない。

第 25 条　事業者は、労働災害発生の急迫した危険があるときは、直ちに作業を中止し、労働者を作業場から退避させる等必要な措置を講じなければならない。

第 26 条　労働者は、事業者が第 20 条から第 25 条まで及び前条（編注・略）第 1 項の規定に基づき講ずる措置に応じて、必要な事項を守らなければならない。

労働災害を防止するための一般的規制として、事業者の講ずべき措置が定められています。

(2)　事業者の行うべき調査等（リスクアセスメント）

（事業者の行うべき調査等）

第 28 条の 2　事業者は、厚生労働省令で定めるところにより、建設物、設備、原材料、ガス、蒸気、粉じん等による、又は作業行動その他業務に起因する危険性又は有害性等（第 57 条第 1 項の政令で定める物及び第 57 条の 2 第 1 項に規定する通知対象物による危険性又は有害性等を除く。）を調査し、その結果に基づいて、この法律又はこれに基づく命令の規定による措置を講ずるほか、労働者の危険又は健康障害を防止するため必要な措置を講ずるように努めなければならない。ただし、当該調査のうち、化学物質、化学物質を含有する製剤その他の物で労働者の危険又は健康障害を生ずるおそれのあるものに係るもの以外のものについては、製造業その他厚生労働省令で定める業種に属する事業者に限る。

②　厚生労働大臣は、前条（編注・略）第 1 項及び第 3 項に定めるもののほか、前項の措置に関して、その適切かつ有効な実施を図るため必要な指針を公表するもの

とする。
③　略

事業者は、建設物、設備、原材料、ガス、蒸気、粉じん等による、または作業行動その他業務に起因する危険性または有害性等を調査し、その結果に基づいて、法令上の措置を講ずるほか、労働者の危険または健康障害を防止するため必要な措置を講ずるように努めなければなりません。

第28条の2に定められた作業の危険性または有害性の調査（リスクアセスメント）を実施し、その結果に基づいて労働者への危険または健康障害を防止するための必要な措置を講ずることは、安全衛生管理を進める上で今日的な重要事項です。第2項に示される指針として平成18年に「リスクアセスメント指針」が公示されています。

(3)　特定元方事業者等の講ずべき措置等

（特定元方事業者等の講ずべき措置）
第30条　特定元方事業者は、その労働者及び関係請負人の労働者の作業が同一の場所において行われることによつて生ずる労働災害を防止するため、次の事項に関する必要な措置を講じなければならない。
1　協議組織の設置及び運営を行うこと。
2　作業間の連絡及び調整を行うこと。
3　作業場所を巡視すること。
4　関係請負人が行う労働者の安全又は衛生のための教育に対する指導及び援助を行うこと。
5　仕事を行う場所が仕事ごとに異なることを常態とする業種で、厚生労働省令で定めるものに属する事業を行う特定元方事業者にあつては、仕事の工程に関する計画及び作業場所における機械、設備等の配置に関する計画を作成するとともに、当該機械、設備等を使用する作業に関し関係請負人がこの法律又はこれに基づく命令の規定に基づき講ずべき措置についての指導を行うこと。
6　前各号に掲げるもののほか、当該労働災害を防止するため必要な事項
②　特定事業の仕事の発注者（注文者のうち、その仕事を他の者から請け負わないで注文している者をいう。以下同じ。）で、特定元方事業者以外のものは、一の場所において行なわれる特定事業の仕事を二以上の請負人に請け負わせている場合において、当該場所において当該仕事に係る二以上の請負人の労働者が作業を行なうときは、厚生労働省令で定めるところにより、請負人で当該仕事を自ら行なう事業者であるもののうちから、前項に規定する措置を講ずべき者として1人を指名しなければならない。一の場所において行なわれる特定事業の仕事の全部を請け負つた者

で、特定元方事業者以外のもののうち、当該仕事を二以上の請負人に請け負わせている者についても、同様とする。

③　前項の規定による指名がされないときは、同項の指名は、労働基準監督署長がする。

④　略

第30条の2　製造業その他政令で定める業種に属する事業(特定事業を除く。)の元方事業者は、その労働者及び関係請負人の労働者の作業が同一の場所において行われることによつて生ずる労働災害を防止するため、作業間の連絡及び調整を行うことに関する措置その他必要な措置を講じなければならない。

②　前条第2項の規定は、前項に規定する事業の仕事の発注者について準用する。この場合において、同条第2項中「特定元方事業者」とあるのは「元方事業者」と、「特定事業の仕事を二以上」とあるのは「仕事を二以上」と、「前項」とあるのは「次条第1項」と、「特定事業の仕事の全部」とあるのは「仕事の全部」と読み替えるものとする。

③　前項において準用する前条第2項の規定による指名がされないときは、同項の指名は、労働基準監督署長がする。

④　略

建設業、造船業の特定元方事業者に対しては、元請労働者と下請け労働者の混在作業における労働災害を防止するため、下請事業者が参加する協議会の設置や作業間の連絡調整などの統括管理が義務付けられています。また、製造業その他の元方事業者についても、作業間の連絡および調整、その他必要な措置を講じなければなりません。いずれも、これらの措置を講ずべき事業者が2以上あるときは、同措置を講ずべき者1人を指名することとなります。

(4)　重量表示

(重量表示)

第35条　一の貨物で、重量が1トン以上のものを発送しようとする者は、見やすく、かつ、容易に消滅しない方法で、当該貨物にその重量を表示しなければならない。ただし、包装されていない貨物で、その重量が一見して明らかであるものを発送しようとするときは、この限りでない。

重さの明らかでない荷物を取り扱って労働災害となる例が少なくないため、重量1トン以上の貨物の発送者には、重量の表示が義務付けられています。

5.2.5 機械等ならびに危険物および有害物に関する規制（第37条～第58条）

(1)　製造の許可

（製造の許可）
第37条　特に危険な作業を必要とする機械等として別表第１に掲げるもので、政令で定めるもの（以下「特定機械等」という。）を製造しようとする者は、厚生労働省令で定めるところにより、あらかじめ、都道府県労働局長の許可を受けなければならない。
②　都道府県労働局長は、前項の許可の申請があつた場合には、その申請を審査し、申請に係る特定機械等の構造等が厚生労働大臣の定める基準に適合していると認めるときでなければ、同項の許可をしてはならない。
別表第１（第37条関係）（抜粋）
３　クレーン
４　移動式クレーン

クレーンなど、労働災害を引き起こす危険が多分にある機械設備については、製造許可制度が導入されています。クレーン等は、厚生労働大臣が定める基準（「クレーン等製造許可基準」昭和47年労働省告示第76号）に適合した者のみに製造許可が与えられます。

(2)　製造時等検査等

（製造時等検査等）
第38条　特定機械等を製造し、若しくは輸入した者、特定機械等で厚生労働省令で定める期間設置されなかつたものを設置しようとする者又は特定機械等で使用を廃止したものを再び設置し、若しくは使用しようとする者は、厚生労働省令で定めるところにより、当該特定機械等及びこれに係る厚生労働省令で定める事項について、当該特定機械等が、特別特定機械等（特定機械等のうち厚生労働省令で定めるものをいう。以下同じ。）以外のものであるときは都道府県労働局長の、特別特定機械等であるときは厚生労働大臣の登録を受けた者（以下「登録製造時等検査機関」という。）の検査を受けなければならない。ただし、輸入された特定機械等及びこれに係る厚生労働省令で定める事項（次項において「輸入時等検査対象機械等」という。）について当該特定機械等を外国において製造した者が次項の規定による検査を受けた場合は、この限りでない。
②　略
③　特定機械等（移動式のものを除く。）を設置した者、特定機械等の厚生労働省令

で定める部分に変更を加えた者又は特定機械等で使用を休止したものを再び使用しようとする者は、厚生労働省令で定めるところにより、当該特定機械等及びこれに係る厚生労働省令で定める事項について、労働基準監督署長の検査を受けなければならない。

（検査証の交付等）

第39条　都道府県労働局長又は登録製造時等検査機関は、前条第1項又は第2項の検査（以下「製造時等検査」という。）に合格した移動式の特定機械等について、厚生労働省令で定めるところにより、検査証を交付する。

②　労働基準監督署長は、前条第3項の検査で、特定機械等の設置に係るものに合格した特定機械等について、厚生労働省令で定めるところにより、検査証を交付する。

③　労働基準監督署長は、前条第3項の検査で、特定機械等の部分の変更又は再使用に係るものに合格した特定機械等について、厚生労働省令で定めるところにより、当該特定機械等の検査証に、裏書を行う。

（使用等の制限）

第40条　前条第1項又は第2項の検査証（以下「検査証」という。）を受けていない特定機械等（第38条第3項の規定により部分の変更又は再使用に係る検査を受けなければならない特定機械等で、前条第3項の裏書を受けていないものを含む。）は、使用してはならない。

②　検査証を受けた特定機械等は、検査証とともにするのでなければ、譲渡し、又は貸与してはならない。

（検査証の有効期間等）

第41条　検査証の有効期間（次項の規定により検査証の有効期間が更新されたときにあつては、当該更新された検査証の有効期間）は、特定機械等の種類に応じて、厚生労働省令で定める期間とする。

②　検査証の有効期間の更新を受けようとする者は、厚生労働省令で定めるところにより、当該特定機械等及びこれに係る厚生労働省令で定める事項について、厚生労働大臣の登録を受けた者（以下「登録性能検査機関」という。）が行う性能検査を受けなければならない。

クレーンやゴンドラ等の特定機械等の製造、設置、使用等の際には、危害防止のため所定の検査を受けることが定められています。それらの検査に合格した機械には、都道府県労働局長もしくは労働基準監督署長より検査証が交付されます。検査証を受けていない機械設備は使用することができず、検査証とともにでなければ機械設備を譲渡することもできません。

(3)　譲渡等の制限

> （譲渡等の制限等）
> **第42条**　特定機械等以外の機械等で、別表第2に掲げるものその他危険若しくは有害な作業を必要とするもの、危険な場所において使用するもの又は危険若しくは健康障害を防止するため使用するもののうち、政令で定めるものは、厚生労働大臣が定める規格又は安全装置を具備しなければ、譲渡し、貸与し、又は設置してはならない。
> **別表第2（第42条関係）**（抜粋）
> 7　クレーン又は移動式クレーンの過負荷防止装置
> 15　保護帽

機械、器具その他の設備による危険から労働災害を防止するためには、製造、流通段階において一定の基準により規制することが重要となります。そこで安衛法では、危険もしくは有害な作業を必要とするもの、危険な場所において使用するものまたは危険または健康障害を防止するため使用するもののうち一定のものは、厚生労働大臣の定める規格または安全装置を具備しなければ譲渡し、貸与し、または設置してはならないこととなっています。

(4)　型式検定等

> （型式検定）
> **第44条の2**　第42条の機械等のうち、別表第4に掲げる機械等で政令で定めるものを製造し、又は輸入した者は、厚生労働省令で定めるところにより、厚生労働大臣の登録を受けた者（以下「登録型式検定機関」という。）が行う当該機械等の型式についての検定を受けなければならない。ただし、当該機械等のうち輸入された機械等で、その型式について次項の検定が行われた機械等に該当するものは、この限りでない。
> ②以下　略
> **別表第4（第44条の2関係）**（抜粋）
> 4　クレーン又は移動式クレーンの過負荷防止装置
> 12　保護帽

上記の機械等のうち、さらに一定のものについては個別検定または型式検定を受けなければならないこととされています。

(5) 定期自主検査

(定期自主検査)

第45条 事業者は、ボイラーその他の機械等で、政令で定めるものについて、厚生労働省令で定めるところにより、定期に自主検査を行ない、及びその結果を記録しておかなければならない。

② 事業者は、前項の機械等で政令で定めるものについて同項の規定による自主検査のうち厚生労働省令で定める自主検査(以下「特定自主検査」という。)を行うときは、その使用する労働者で厚生労働省令で定める資格を有するもの又は第54条の3第1項に規定する登録を受け、他人の求めに応じて当該機械等について特定自主検査を行う者(以下「検査業者」という。)に実施させなければならない。

③ 厚生労働大臣は、第1項の規定による自主検査の適切かつ有効な実施を図るため必要な自主検査指針を公表するものとする。

④ 略

一定の機械等について、使用開始後一定の期間ごとに定期的に、所定の機能を維持していることを確認するために検査を行わなければならないこととされています。

5.2.6 労働者の就業にあたっての措置(第59条~第63条)

(安全衛生教育)

第59条 事業者は、労働者を雇い入れたときは、当該労働者に対し、厚生労働省令で定めるところにより、その従事する業務に関する安全又は衛生のための教育を行なわなければならない。

② 前項の規定は、労働者の作業内容を変更したときについて準用する。

③ 事業者は、危険又は有害な業務で、厚生労働省令で定めるものに労働者をつかせるときは、厚生労働省令で定めるところにより、当該業務に関する安全又は衛生のための特別の教育を行なわなければならない。

第60条 事業者は、その事業場の業種が政令で定めるものに該当するときは、新たに職務につくこととなつた職長その他の作業中の労働者を直接指導又は監督する者(作業主任者を除く。)に対し、次の事項について、厚生労働省令で定めるところにより、安全又は衛生のための教育を行なわなければならない。

1 作業方法の決定及び労働者の配置に関すること。

2 労働者に対する指導又は監督の方法に関すること。

3 前二号に掲げるもののほか、労働災害を防止するため必要な事項で、厚生労働省令で定めるもの

第 60 条の 2 事業者は、前二条に定めるもののほか、その事業場における安全衛生の水準の向上を図るため、危険又は有害な業務に現に就いている者に対し、その従事する業務に関する安全又は衛生のための教育を行うように努めなければならない。
② 厚生労働大臣は、前項の教育の適切かつ有効な実施を図るため必要な指針を公表するものとする。
③ 厚生労働大臣は、前項の指針に従い、事業者又はその団体に対し、必要な指導等を行うことができる。
(就業制限)
第 61 条 事業者は、クレーンの運転その他の業務で、政令で定めるものについては、都道府県労働局長の当該業務に係る免許を受けた者又は都道府県労働局長の登録を受けた者が行う当該業務に係る技能講習を修了した者その他厚生労働省令で定める資格を有する者でなければ、当該業務に就かせてはならない。
② 前項の規定により当該業務につくことができる者以外の者は、当該業務を行なつてはならない。
③ 第 1 項の規定により当該業務につくことができる者は、当該業務に従事するときは、これに係る免許証その他その資格を証する書面を携帯していなければならない。
④ 略

労働災害を防止するためには、作業に就く労働者に対する安全衛生教育の徹底等もきわめて重要です。このような観点から安衛法では、新規雇入れ時のほか、作業内容変更時においても安全衛生教育を行うべきことを定め、また、危険有害業務に従事する者に対する安全衛生特別教育や、職長その他の現場監督者に対する安全衛生教育についても規定しています。また、特定の危険業務については、所定の資格を有する者しか就労させてはならないなど、就業制限についても定めています。当然、玉掛け作業もこの就業制限に当てはまります。

5.2.7 健康の保持増進のための措置 (第 64 条～第 71 条)

労働者の健康の保持増進のため、作業環境測定や健康診断、面接指導等の実施について定めています。

5.2.8 快適な職場環境の形成のための措置（第71条の2～第71条の4）

労働者がその生活時間の多くを過ごす職場は、疲労やストレスを感じることが少ない快適な職場環境を形成する必要があります。安衛法では、事業者が講ずる措置について規定するとともに、国は、快適な職場環境の形成のための指針を公表しています。

5.2.9 免許等（第72条～第77条）

（免許）
第72条　第12条第1項、第14条又は第61条第1項の免許（以下「免許」という。）は、第75条第1項の免許試験に合格した者その他厚生労働省令で定める資格を有する者に対し、免許証を交付して行う。
②～④　略
（技能講習）
第76条　第14条又は第61条第1項の技能講習（以下「技能講習」という。）は、別表第18に掲げる区分ごとに、学科講習又は実技講習によつて行う。
②　技能講習を行なつた者は、当該技能講習を修了した者に対し、厚生労働省令で定めるところにより、技能講習修了証を交付しなければならない。
③　略
別表第18（第76条関係）（抜粋）
26　床上操作式クレーン運転技能講習
27　小型移動式クレーン運転技能講習
36　玉掛け技能講習

危険・有害業務であり労働災害を防止するために管理を必要とする作業について、選任を義務付けられている作業主任者や、特殊な業務に就く者に必要とされる資格、技能講習、試験等についての規定がなされています。

5.2.10 事業場の安全または衛生に関する改善措置等（第78条～第87条）

労働災害の防止を図るため、総合的な改善措置を講ずる必要がある事業場については、都道府県労働局長が安全衛生改善計画の作成を指示し、その自主的活動によって安全衛生状態の改善を進めることが制度化されており、そうした際に企業外の民間有識者の安全および労働衛生についての知識を活用し、企業における安全衛生についての診断や指導に対する需要に応じるため、労働安全・労働衛生コンサルタント制度が設けられています。

なお、一定期間内に重大な労働災害を複数の事業場で繰返し発生させた企業に対しては、厚生労働大臣は特別安全衛生改善計画の策定を指示することができることとなっています。さらに、当該企業が計画の作成指示や変更指示に従わない場合や計画を実施しない場合には、厚生労働大臣が当該事業者に勧告を行い、勧告に従わない場合は企業名を公表する仕組みになっています。

5.2.11 監督等、雑則および罰則（第88条～第123条）

(1)　使用停止命令等

（使用停止命令等）

第98条　都道府県労働局長又は労働基準監督署長は、第20条から第25条まで、第25条の2第1項、第30条の3第1項若しくは第4項、第31条第1項、第31条の2、第33条第1項又は第34条の規定に違反する事実があるときは、その違反した事業者、注文者、機械等貸与者又は建築物貸与者に対し、作業の全部又は一部の停止、建設物等の全部又は一部の使用の停止又は変更その他労働災害を防止するため必要な事項を命ずることができる。

②～④　略

事業者、注文者、機械等貸与者または建築物貸与者が、危害防止基準等の定められた講ずべき措置を怠り、法に違反している場合には、国は労働災害を防止するため、作業停止、建設物等の使用停止等を命じることができます。

(2)　講習の指示

第99条の3　都道府県労働局長は、第61条第1項の規定により同項に規定する業務に就くことができる者が、当該業務について、この法律又はこれに基づく命令の規定に違反して労働災害を発生させた場合において、その再発を防止するため必要があると認めるときは、その者に対し、期間を定めて、都道府県労働局長の指定する者が行う講習を受けるよう指示することができる。

② 前条第3項の規定[編注] は、前項の講習について準用する。

編注) **第99条の2第3項** 前二項に定めるもののほか、講習の科目その他第1項の講習について必要な事項は、厚生労働省令で定める。

玉掛け業務などの就業制限業務に従事して、法違反により労働災害を発生させた場合、都道府県労働局長は再発防止のための講習を受けるよう指示することができます。

(3) 罰則

第122条 法人の代表者又は法人若しくは人の代理人、使用人その他の従業者が、その法人又は人の業務に関して、第116条、第117条、第119条又は第120条の違反行為をしたときは、行為者を罰するほか、その法人又は人に対しても、各本条の罰金刑を科する。

安衛法は、その厳正な運用を担保するため、違反に対する罰則について12カ条の規定を置いています（第115条の3、第115条の4、第115条の5、第116条、第117条、第118条、第119条、第120条、第121条、第122条、第122条の2、第123条）。

また、同法は事業者責任主義を採用し、その第122条で「両罰規定」を設けて、各条が定めた措置義務者（事業者）のほかに、法人の代表者、法人または人の代理人、使用人その他の従事者がその法人または人の業務に関して、それぞれの違反行為をしたときの従事者が実行行為者として罰されるほか、その法人または人に対しても、各本条に定める罰金刑等を科すこととされています。

なお、安衛法第20条から第25条に規定される事業者の講じた危害防止措置または救護措置等に関しては、第26条により労働者は遵守義務を負っており、これに違反した場合も罰金刑が科せられますので、心しておきましょう。

5.3 労働安全衛生法施行令（抄）

昭和 47 年 6 月 19 日政令第 318 号
最終改正：令和 2 年 12 月 2 日政令第 340 号

（特定機械等）

第 12 条　法第 37 条第 1 項の政令で定める機械等は、次に掲げる機械等（本邦の地域内で使用されないことが明らかな場合を除く。）とする。

1、2　略

3　つり上げ荷重が 3 トン以上（スタツカー式クレーンにあつては、1 トン以上）のクレーン

4　つり上げ荷重が 3 トン以上の移動式クレーン

5　つり上げ荷重が 2 トン以上のデリック

6 ～ 8　略

②　略

【解　説】

①「スタッカー式クレーン」とは、運転室又は運転台が、巻上用ワイヤロープによりつられ、かつ荷の昇降とともに昇降する方式のクレーンをいうこと。（昭 46.9.7 基発第 621 号）

②　本条第 1 項第 3 号のクレーン、第 4 号の移動式クレーン及び第 5 号のデリック並びに第 13 条第 3 項第 14 号のクレーン、同第 15 号の移動式クレーン及び同第 16 号のデリックには、船舶安全法の適用を受ける船舶に施設されるものを含まないものとして取り扱うこと。

③　安衛令第 14 条の 2 第 4 号のクレーン又は移動式クレーンの過負荷防止装置についても、上記②と同様に取り扱うこと。

（昭 50.3.3 基発第 118 号を一部修正）

（厚生労働大臣が定める規格又は安全装置を具備すべき機械等）

第 13 条　①、②　略

③　法第 42 条の政令で定める機械等は、次に掲げる機械等（本邦の地域内で使用されないことが明らかな場合を除く。）とする。（抜粋）

14　つり上げ荷重が 0.5 トン以上 3 トン未満（スタツカー式クレーンにあつては、0.5 トン以上 1 トン未満）のクレーン

15　つり上げ荷重が 0.5 トン以上 3 トン未満の移動式クレーン

16　つり上げ荷重が 0.5 トン以上 2 トン未満のデリック

28　墜落制止用器具

④～⑤　略

（型式検定を受けるべき機械等）

第14条の2　法第44条の2第1項の政令で定める機械等は、次に掲げる機械等（本邦の地域内で使用されないことが明らかな場合を除く。）とする。（抜粋）

4　クレーン又は移動式クレーンの過負荷防止装置

12　保護帽（物体の飛来若しくは落下又は墜落による危険を防止するためのものに限る。）

【解　説】

①　本条第4号の「過負荷防止装置」とは、クレーン又は移動式クレーンに、その定格荷重をこえて負荷されることを防止するための警報装置等をいい、荷重計のみのものは含まないこと。
（昭47.9.18基発第602号、昭50.2.24基発第110号、平3.11.25基発第666号を一部修正）

②　本条第12号の「物体の飛来若しくは落下による危険を防止するための」保護帽とは、帽体、着装体、あごひも及びこれらの附属品により構成され、主として頭頂部を飛来物又は落下物から保護する目的で用いられるものをいい、同号の「墜落による危険を防止するための」保護帽とは、帽体、衝撃吸収ライナー、あごひも及びこれらの附属品により構成され、墜落の際に頭部に加わる衝撃を緩和する目的で用いられるものをいうこと。従って、乗用車安全帽、バンプキャップ等は、本号には該当しないものであること。

なお、電気用安全帽であって物体の飛来又は落下による危険をも防止するためのものについては、第10号の「絶縁用保護具」に該当するほか、本号にも該当するものであること。
（昭50.2.24基発第110号、昭50.12.17基発第746号を一部修正）

（職長等の教育を行うべき業種）

第19条　法第60条の政令で定める業種は、次のとおりとする。

1　建設業

2　製造業。ただし、次に掲げるものを除く。

イ　食料品・たばこ製造業（うま味調味料製造業及び動植物油脂製造業を除く。）

ロ　繊維工業（紡績業及び染色整理業を除く。）

ハ　衣服その他の繊維製品製造業

ニ　紙加工品製造業（セロファン製造業を除く。）

ホ　新聞業、出版業、製本業及び印刷物加工業

3　電気業

4　ガス業

5　自動車整備業

6　機械修理業

（就業制限に係る業務）

第20条　法第61条第1項の政令で定める業務は、次のとおりとする。（抜粋）

6　つり上げ荷重が5トン以上のクレーン（跨(こ)線テルハを除く。）の運転の業務

7　つり上げ荷重が1トン以上の移動式クレーンの運転（道路交通法（昭和35年法律第105号）第2条第1項第1号に規定する道路（以下この条において「道路」という。）上を走行させる運転を除く。）の業務

8　つり上げ荷重が5トン以上のデリックの運転の業務

16　制限荷重が1トン以上の揚貨装置又はつり上げ荷重が1トン以上のクレーン、移動式クレーン若しくはデリックの玉掛けの業務

5.4 労働安全衛生規則（抄）

昭和47年9月30日労働省令第32号
最終改正：令和2年12月25日厚生労働省令第208号

第1編　通則

第2章の4　危険性又は有害性等の調査等

（危険性又は有害性等の調査）

第24条の11　法第28条の2第1項の危険性又は有害性等の調査は、次に掲げる時期に行うものとする。

1　建設物を設置し、移転し、変更し、又は解体するとき。
2　設備、原材料等を新規に採用し、又は変更するとき。
3　作業方法又は作業手順を新規に採用し、又は変更するとき。
4　前三号に掲げるもののほか、建設物、設備、原材料、ガス、蒸気、粉じん等による、又は作業行動その他業務に起因する危険性又は有害性等について変化が生じ、又は生ずるおそれがあるとき。

②　法第28条の2第1項ただし書の厚生労働省令で定める業種は、令第2条（編注・略）第1号に掲げる業種及び同条第2号に掲げる業種（製造業を除く。）とする。

【解　説】

①　調査の実施時期

第1項第2号の「設備」には機械、器具が含まれ、「設備、原材料等を新規に採用」することには設備等を設置することが含まれ、「変更」には設備の配置換えが含まれること。

第1項第3号の「作業方法若しくは作業手順を新規に採用するとき」には、建設業等の仕事を開始しようとするとき、新たな作業標準又は作業手順書等を定めるときが含まれること。

第1項第4号には、地震等の影響により、建設物等が損傷する等危険性又は有害性等に変化が生じているおそれがある場合が含まれること。このような場合には、当該建設物等に係る作業を再開する前に調査を実施する必要があること。

調査については、第1号から第3号までに掲げる時期の前に十分な時間的余裕をもって実施する必要があること。また、これら変更等に係る計画等を策定する場合は、その段階において実施することが望ましいこと。

②　対象業種

法第28条の2第1項ただし書の業種として、安全管理者の選任義務のある業種を定めたものであること。（平18.2.24基発第0224003号）

（機械に関する危険性等の通知）

第24条の13　労働者に危険を及ぼし、又は労働者の健康障害をその使用により生ずるおそれのある機械（以下単に「機械」という。）を譲渡し、又は貸与する者（次項において「機械譲渡者等」という。）は、文書の交付等により当該機械に関する次に掲げる事項を、当該機械の譲渡又は貸与を受ける相手方の事業者（次項において「相手方事業者」という。）に通知するよう努めなければならない。

1　型式、製造番号その他の機械を特定するために必要な事項

2　機械のうち、労働者に危険を及ぼし、又は労働者の健康障害をその使用により生ずるおそれのある箇所に関する事項

3　機械に係る作業のうち、前号の箇所に起因する危険又は健康障害を生ずるおそれのある作業に関する事項

4　前号の作業ごとに生ずるおそれのある危険又は健康障害のうち最も重大なものに関する事項

5　前各号に掲げるもののほか、その他参考となる事項

②　略

【解　説】

①　本条第1項第2号から第5号の事項は、機械包括安全指針に基づき機械の危険性等の調査を実施し、保護方策を講じた後に残る残留リスク情報及びその他の必要な情報に関するものであること。

②　機械単独ではなく、複数の機械が一つの機械システムとして使用される場合には、当該機械システムの取りまとめを行う機械譲渡者等は、個々の機械の危険性等の情報を入手し、機械を組み合わせることにより新たに出現する危険性等に対して調査し、その結果に基づく保護方策を実施した上で、残留リスク情報等について通知する必要があること。

③　中古の機械について、それまで機械を使用していた者等が機械を改造している場合は、機械譲渡者等はその内容も調査し、通知する必要があること。

④　本条第1項第5号の「その他参考となる事項」には、次の事項が含まれること。

ア　保護方策が必要となる機械の運用段階

イ　作業に必要な資格・教育（ただし、必要な場合に限る。）

ウ　機械の使用者が実施すべき保護方策

エ　取扱説明書の参照部分

（平24.3.29基発0329第7号）

第3章　機械等並びに危険物及び有害物に関する規制

第1節　機械等に関する規制

（規格に適合した機械等の使用）

第27条　事業者は、法別表第2に掲げる機械等及び令第13条第3項各号に掲げる機械等については、法第42条の厚生労働大臣が定める規格又は安全装置を具備したものでなければ、使用してはならない。

（安全装置等の有効保持）

第28条　事業者は、法及びこれに基づく命令により設けた安全装置、覆(おお)い、囲い等（以下「安全装置等」という。）が有効な状態で使用されるようそれらの点検及び整備を行なわなければならない。

第29条　労働者は、安全装置等について、次の事項を守らなければならない。

1　安全装置等を取りはずし、又はその機能を失わせないこと。

2　臨時に安全装置等を取りはずし、又はその機能を失わせる必要があるときは、あらかじめ、事業者の許可を受けること。

3　前号の許可を受けて安全装置等を取りはずし、又はその機能を失わせたときは、その必要がなくなつた後、直ちにこれを原状に復しておくこと。

4　安全装置等が取りはずされ、又はその機能を失つたことを発見したときは、すみやかに、その旨を事業者に申し出ること。

②　事業者は、労働者から前項第4号の規定による申出があつたときは、すみやかに、適当な措置を講じなければならない。

【解　説】

第28条、第29条の「安全装置」には、ボイラーの安全弁、クレーンの巻過ぎ防止装置等この省令以外の労働省令において事業者に設置が義務付けられているものも含む。

（昭47.9.18 基発第601号の1）

第4章　安全衛生教育

（雇入れ時等の教育）

第35条　事業者は、労働者を雇い入れ、又は労働者の作業内容を変更したときは、当該労働者に対し、遅滞なく、次の事項のうち当該労働者が従事する業務に関する安全又は衛生のため必要な事項について、教育を行なわなければならない。ただし、令第2条第3号に掲げる業種の事業場の労働者については、第1号から第4号までの事項についての教育を省略することができる。

1　機械等、原材料等の危険性又は有害性及びこれらの取扱い方法に関すること。

2　安全装置、有害物抑制装置又は保護具の性能及びこれらの取扱い方法に関すること。

3　作業手順に関すること。

4　作業開始時の点検に関すること。

5　当該業務に関して発生するおそれのある疾病の原因及び予防に関すること。

6　整理、整頓（とん）及び清潔の保持に関すること。

7　事故時等における応急措置及び退避に関すること。

8　前各号に掲げるもののほか、当該業務に関する安全又は衛生のために必要な事項

②　事業者は、前項各号に掲げる事項の全部又は一部に関し十分な知識及び技能を有していると認められる労働者については、当該事項についての教育を省略する

ことができる。

【解 説】

① 第1項の教育は、当該労働者が従事する業務に関する安全または衛生を確保するために必要な内容および時間をもって行なうこと。
② 第1項第3号の事項は、現場に配属後、作業見習の過程において教えることを原則とすること。
③ 第2項は、職業訓練を受けた者等教育すべき事項について十分な知識および技能を有していると認められる労働者に対し、教育事項の全部または一部の省略を認める趣旨であること。
（昭47.9.18基発第601号の1）

（編注）
第1項の「令第2条第3号に掲げる業種」は以下に掲げる業種以外の業種をいう。
林業、鉱業、建設業、運送業及び清掃業、製造業（物の加工業を含む。）、電気業、ガス業、熱供給業、水道業、通信業、各種商品卸売業、家具・建具・じゆう器等卸売業、各種商品小売業、家具・建具・じゆう器小売業、燃料小売業、旅館業、ゴルフ場業、自動車整備業及び機械修理業

（特別教育を必要とする業務）

第36条 法第59条第3項の厚生労働省令で定める危険又は有害な業務は、次のとおりとする。（抜粋）

15 次に掲げるクレーン（移動式クレーン（令第1条第8号の移動式クレーンをいう。以下同じ。）を除く。以下同じ。）の運転の業務
イ つり上げ荷重が5トン未満のクレーン
ロ つり上げ荷重が5トン以上の跨(こ)線テルハ

16 つり上げ荷重が1トン未満の移動式クレーンの運転（道路上を走行させる運転を除く。）の業務

17 つり上げ荷重が5トン未満のデリックの運転の業務

19 つり上げ荷重が1トン未満のクレーン、移動式クレーン又はデリックの玉掛けの業務

（特別教育の科目の省略）

第37条 事業者は、法第59条第3項の特別の教育（以下「特別教育」という。）の科目の全部又は一部について十分な知識及び技能を有していると認められる労働者については、当該科目についての特別教育を省略することができる。

【解 説】

問 安衛則第37条により特別教育の科目の省略が認められる者は、具体的にどのような者か。
答 当該業務に関連し上級の資格（技能免許または技能講習修了）を有する者、他の事業場において当該業務に関し、すでに特別の教育を受けた者、当該業務に関し、職業訓練を受けた者等がこれに該当する。
（昭48.3.19基発第145号）

（特別教育の記録の保存）

第38条　事業者は、特別教育を行なつたときは、当該特別教育の受講者、科目等の記録を作成して、これを3年間保存しておかなければならない。

（特別教育の細目）

第39条　前二条及び第592条の7に定めるもののほか、第36条第1号から第13号まで、第27号、第30号から第36号まで及び第39号から第41号までに掲げる業務に係る特別教育の実施について必要な事項は、厚生労働大臣が定める。

（指針の公表）

第40条の2　第24条（編注・略）の規定は、法第60条の2第2項の規定による指針の公表について準用する。

【解　説】

【関係指針】
「危険又は有害な業務に現に就いている者に対する安全衛生教育に関する指針」（抄）（平27.8.31 安全衛生教育指針公示 第5号）

別表　危険有害業務従事者に対する安全衛生教育カリキュラム
15　玉掛業務（労働安全衛生法施行令第20条第16号の業務）従事者安全衛生教育

第5章　就業制限

（就業制限についての資格）

第41条　法第61条第1項に規定する業務につくことができる者は、別表第3の上欄（編注・左欄）に掲げる業務の区分に応じて、それぞれ、同表の下欄（編注・左欄）に掲げる者とする。

別表第3（第41条関係）（抜粋）

業務の区分	業務につくことができる者
令第20条第6号の業務〈編注・つり上げ荷重が5トン以上のクレーン（跨線テルハを除く）の運転の業務〉のうち次の項に掲げる業務以外の業務	クレーン・デリック運転士免許を受けた者
令第20条第6号の業務のうち床上で運転し、かつ、当該運転をする者が荷の移動とともに移動する方式のクレーンの運転の業務	1　クレーン・デリック運転士免許を受けた者 2　床上操作式クレーン運転技能講習を修了した者
令第20条第7号の業務〈編注・つり上げ荷重が1トン以上の移動式クレーンの運転（道路上を走行させる運転を除く）の業務〉のうち次の項に掲げる業務以外の業務	移動式クレーン運転士免許を受けた者
令第20条第7号の業務のうちつり上げ荷重が5トン未満の移動式クレーンの運転の業務	1　移動式クレーン運転士免許を受けた者 2　小型移動式クレーン運転技能講習を修了した者

令第 20 条第 8 号の業務〈編注・つり上げ荷重が 5 トン以上のデリツクの運転業務〉	クレーン・デリック運転士免許を受けた者
令第 20 条第 16 号の業務〈編注・制限荷重が 1 トン以上の揚貨装置又はつり上げ荷重が 1 トン以上のクレーン、移動式クレーン若しくはデリツクの玉掛けの業務〉	1 玉掛け技能講習を修了した者 2 職業能力開発促進法第 27 条第 1 項の準則訓練である普通職業訓練のうち職業能力開発促進法施行規則別表第 4 の訓練科の欄に掲げる玉掛け科の訓練（通信の方法によつて行うものを除く。）を修了した者 3 その他厚生労働大臣が定める者

第７章　免許等

第３節　技能講習

（受講手続）

第 80 条　技能講習を受けようとする者は、技能講習受講申込書（様式第 15 号）（編注・略）を当該技能講習を行う登録教習機関に提出しなければならない。

（技能講習修了証の交付）

第 81 条　技能講習を行つた登録教習機関は、当該講習を修了した者に対し、遅滞なく、技能講習修了証（様式第 17 号）（編注・略）を交付しなければならない。

（技能講習修了証の再交付等）

第 82 条　技能講習修了証の交付を受けた者で、当該技能講習に係る業務に現に就いているもの又は就こうとするものは、これを滅失し、又は損傷したときは、第３項に規定する場合を除き、技能講習修了証再交付申込書（様式第 18 号）（編注・略）を技能講習修了証の交付を受けた登録教習機関に提出し、技能講習修了証の再交付を受けなければならない。

②　前項に規定する者は、氏名を変更したときは、第３項に規定する場合を除き、技能講習修了証書替申込書（様式第 18 号）を技能講習修了証の交付を受けた登録教習機関に提出し、技能講習修了証の書替えを受けなければならない。

③　第１項に規定する者は、技能講習修了証の交付を受けた登録教習機関が当該技能講習の業務を廃止した場合（当該登録を取り消された場合及び当該登録がその効力を失つた場合を含む。）及び労働安全衛生法及びこれに基づく命令に係る登録及び指定に関する省令（昭和 47 年労働省令第 44 号）第 24 条第１項ただし書に規定する場合に、これを滅失し、若しくは損傷したとき又は氏名を変更したときは、技能講習修了証明書交付申込書（様式第 18 号）を同項ただし書に規定する厚生労働大臣が指定する機関に提出し、当該技能講習を修了したことを証する書面の交付を受けなければならない。

④　前項の場合において、厚生労働大臣が指定する機関は、同項の書面の交付を申し込んだ者が同項に規定する技能講習以外の技能講習を修了しているときは、当該技能講習を行つた登録教習機関からその者の当該技能講習の修了に係る情報の提供を受けて、その者に対して、同項の書面に当該技能講習を修了した旨を記載して交付することができる。

（都道府県労働局長が技能講習の業務を行う場合における規定の適用）

第82条の2　法第77条第3項において準用する法第53条の2第1項の規定により都道府県労働局長が技能講習の業務の全部又は一部を自ら行う場合における前三条の規定の適用については、第80条、第81条並びに前条第1項及び第2項中「登録教習機関」とあるのは、「都道府県労働局長又は登録教習機関」とする。

第9章　監督等

（事故報告）

第96条　事業者は、次の場合は、遅滞なく、様式第22号（編注・略）による報告書を所轄労働基準監督署長に提出しなければならない。

1　事業場又はその附属建設物内で、次の事故が発生したとき

イ　火災又は爆発の事故（次号の事故を除く。）

ロ　遠心機械、研削といしその他高速回転体の破裂の事故

ハ　機械集材装置、巻上げ機又は索道の鎖又は索の切断の事故

ニ　建設物、附属建設物又は機械集材装置、煙突、高架そう等の倒壊の事故

2～3　略

4　クレーン（クレーン則第2条第1号に掲げるクレーンを除く。）の次の事故が発生したとき

イ　逸走、倒壊、落下又はジブの折損

ロ　ワイヤロープ又はつりチェーンの切断

5　移動式クレーン（クレーン則第2条第1号に掲げる移動式クレーンを除く。）の次の事故が発生したとき

イ　転倒、倒壊又はジブの折損

ロ　ワイヤロープ又はつりチェーンの切断

6　デリック（クレーン則第2条第1号に掲げるデリックを除く。）の次の事故が発生したとき

イ　倒壊又はブームの折損

ロ　ワイヤロープの切断

7～10　略

② 次条第1項の規定による報告書の提出と併せて前項の報告書の提出をしようとする場合にあつては、当該報告書の記載事項のうち次条第1項の報告書の記載事項と重複する部分の記入は要しないものとする。

（労働者死傷病報告）

第97条　事業者は、労働者が労働災害その他就業中又は事業場内若しくはその附属建設物内における負傷、窒息又は急性中毒により死亡し、又は休業したときは、遅滞なく、様式第23号（編注・略）による報告書を所轄労働基準監督署長に提出しなければならない。

② 前項の場合において、休業の日数が4日に満たないときは、事業者は、同項の規定にかかわらず、1月から3月まで、4月から6月まで、7月から9月まで及び10月から12月までの期間における当該事実について、様式第24号（編注・略）による報告書をそれぞれの期間における最後の月の翌月末日までに、所轄労働基準監督署長に提出しなければならない。

5.5 クレーン等安全規則（抄）

昭和47年9月30日労働省令第34号
最終改正：令和2年12月25日厚生労働省令第208号

第1章　総　則

（定義）

第1条　この省令において、次の各号に掲げる用語の意義は、それぞれ当該各号に定めるところによる。（抜粋）

4　つり上げ荷重　令第10条のつり上げ荷重をいう。

6　定格荷重　クレーン（移動式クレーンを除く。以下同じ。）でジブを有しないもの又はデリックでブームを有しないものにあつては、つり上げ荷重から、クレーンでジブを有するもの（以下「ジブクレーン」という。）、移動式クレーン又はデリックでブームを有するものにあつては、その構造及び材料並びにジブ若しくはブームの傾斜角及び長さ又はジブの上におけるトロリの位置に応じて負荷させることができる最大の荷重から、それぞれフック、グラブバケット等のつり具の重量に相当する荷重を控除した荷重をいう。

7　定格速度　クレーン、移動式クレーン又はデリックにあつては、これに定格荷重に相当する荷重の荷をつつて、つり上げ、走行、旋回、トロリの横行等の作動を行なう場合のそれぞれの最高の速度を、エレベーター、建設用リフト又は簡易リフトにあつては、搬器に積載荷重に相当する荷重の荷をのせて上昇させる場合の最高の速度をいう。

【解　説】

第4号の「令第10条のつり上げ荷重」とは、クレーン（移動式クレーンを除く）、移動式クレーン又はデリックの構造及び材料に応じて負荷させることのできる最大の荷重をいう。

第2章　クレーン

第2節　使用及び就業

（外れ止め装置の使用）

第20条の2　事業者は、玉掛け用ワイヤロープ等がフックから外れることを防止するための装置（以下「外れ止め装置」という。）を具備するクレーンを用いて荷をつり上げるときは、当該外れ止め装置を使用しなければならない。

（過負荷の制限）

第23条　事業者は、クレーンにその定格荷重をこえる荷重をかけて使用してはならない。

②　前項の規定にかかわらず、事業者は、やむを得ない事由により同項の規定によることが著しく困難な場合において、次の措置を講ずるときは、定格荷重をこえ、第6条（編注・略）第3項に規定する荷重試験でかけた荷重まで荷重をかけて使用することができる。

1　あらかじめ、クレーン特例報告書（様式第10号）（編注・略）を所轄労働基準監督署長に提出すること。

2　あらかじめ、第6条第3項に規定する荷重試験を行ない、異常がないことを確認すること。

3　作業を指揮する者を指名して、その者の直接の指揮のもとに作動させること。

③　事業者は、前項第2号の規定により荷重試験を行なつたとき、及びクレーンに定格荷重をこえる荷重をかけて使用したときは、その結果を記録し、これを3年間保存しなければならない。

【解　説】

①　第2項の「やむを得ない事由により同項の規定によることが著しく困難な場合」とは、当該クレーンに特例で負荷させる以外に他に方法がなく、かつ、臨時の場合をいい、たとえば、水力発電所においてローターをつり上げる場合、圧延工場においてミルスタンドをつり上げる場合等がこれに該当すること。

②　第2項の適用は、荷の重量、つり上げ方法等が明確にされているものに限ること。

③　第2項の荷重試験および特例負荷を行なった場合においては、当該荷重試験および特例負荷の結果に応じ、その後2年間は荷重試験の省略を認めて差し支えないこと。

④　第2項第2号の「異常がないことを確認する」とは、当該クレーンの構造部分、機械部分、電気部分、ワイヤロープおよびつり具について点検し、異常がないことを確認することをいうこと。　（昭46.9.7基発第621号）

（傾斜角の制限）

第24条　事業者は、ジブクレーンについては、クレーン明細書に記載されているジブの傾斜角（つり上げ荷重が3トン未満のジブクレーンにあつては、これを製造した者が指定したジブの傾斜角）の範囲をこえて使用してはならない。

【解　説】

「製造した者が指定したジブの傾斜角の範囲」とは、製造したものが仕様書、説明書等にジブの使用可能な傾斜角の範囲として記載しているジブの傾斜角の範囲をいうこと。

（昭46.9.7基発第621号）

（定格荷重の表示等）

第24条の2　事業者は、クレーンを用いて作業を行うときは、クレーンの運転者及び玉掛けをする者が当該クレーンの定格荷重を常時知ることができるよう、表示その他の措置を講じなければならない。

【解　説】

「その他の措置」とは、クレーンの運転者及び玉掛けをする者が、定格荷重の表示を同時に見ることが困難な構造のジブクレーンにあっては、ジブの最大作業半径における定格荷重を適当な位置に表示するとともに、ジブの作業半径に応じる定格荷重表を運転室に備え、かつ、同表を玉掛けする者に携帯させる等の措置をいうものであること。

（昭51.12.23 基発第902号）

（運転の合図）

第25条　事業者は、クレーンを用いて作業を行なうときは、クレーンの運転について一定の合図を定め、合図を行なう者を指名して、その者に合図を行なわせなければならない。ただし、クレーンの運転者に単独で作業を行なわせるときは、この限りでない。

②　前項の指名を受けた者は、同項の作業に従事するときは、同項の合図を行なわなければならない。

③　第1項の作業に従事する労働者は、同項の合図に従わなければならない。

（搭乗の制限）

第26条　事業者は、クレーンにより、労働者を運搬し、又は労働者をつり上げて作業させてはならない。

第27条　事業者は、前条の規定にかかわらず、作業の性質上やむを得ない場合又は安全な作業の遂行上必要な場合は、クレーンのつり具に専用のとう乗設備を設けて当該とう乗設備に労働者を乗せることができる。

②　事業者は、前項のとう乗設備については、墜落による労働者の危険を防止するため次の事項を行わなければならない。

1　とう乗設備の転位及び脱落を防止する措置を講ずること。

2　労働者に要求性能墜落制止用器具（安衛則第130条の5第1項に規定する要求性能墜落制止用器具をいう。）その他の命綱（以下「要求性能墜落制止用器具等」という。）を使用させること。

3　とう乗設備を下降させるときは、動力下降の方法によること。

③　労働者は、前項の場合において要求性能墜落制止用器具等の使用を命じられたときは、これを使用しなければならない。

【解　説】

①　第１項の「作業の性質上やむを得ない場合」とは、次に掲げるような場合をいうこと。
イ　マスト上の電球の取り換えまたは壁面の部分的な塗装、補修、点検等のように臨時に小規模、かつ、短期間の作業を行なう場合
ロ　鋼船修理におけるとも部の外板の塗装または補修作業、超高煙突またはたて坑の建設における昇降のように代替の方法が確立されていない作業を行なう場合
②　第１項の「安全な作業の遂行上必要な場合」とは、例えばコンテナ荷役のためにスプレッダ（つり具）に搭乗する場合のように、クレーンを利用することによって、より安全な作業の遂行が期待できる場合をいうものであること。
（昭 46.9.7 基発第 621 号）
③　労働安全衛生法第 42 条の対象となる機械等からいわゆる「U字つり」の安全帯を除くため、労働安全衛生法施行令第 13 条第３項第 28 号の「安全帯（墜落による危険を防止するためのものに限る。）」を「墜落制止用器具」に改めること。　（平 30.6.22 基発 0622 第１号）

（立入禁止）

第 28 条　事業者は、ケーブルクレーンを用いて作業を行なうときは、巻上げ用ワイヤロープ若しくは横行用ワイヤロープが通つているシーブ又はその取付け部の破損により、当該ワイヤロープがはね、又は当該シーブ若しくはその取付具が飛来することによる労働者の危険を防止するため、当該ワイヤロープの内角側で、当該危険を生ずるおそれのある箇所に労働者を立ち入らせてはならない。

第 29 条　事業者は、クレーンに係る作業を行う場合であつて、次の各号のいずれかに該当するときは、つり上げられている荷（第６号の場合にあつては、つり具を含む。）の下に労働者を立ち入らせてはならない。

1　ハッカーを用いて玉掛けをした荷がつり上げられているとき。
2　つりクランプ１個を用いて玉掛けをした荷がつり上げられているとき。
3　ワイヤロープ、つりチェーン、繊維ロープ又は繊維ベルト（以下第 115 条までにおいて「ワイヤロープ等」という。）を用いて１箇所に玉掛けをした荷がつり上げられているとき（当該荷に設けられた穴又はアイボルトにワイヤロープ等を通して玉掛けをしている場合を除く。）。
4　複数の荷が一度につり上げられている場合であつて、当該複数の荷が結束され、箱に入れられる等により固定されていないとき。
5　磁力又は陰圧により吸着させるつり具又は玉掛用具を用いて玉掛けをした荷がつり上げられているとき。
6　動力下降以外の方法により荷又はつり具を下降させるとき。

【解　説】

①　「つり上げられている荷の下」とは、荷の直下及び荷が振れ、又は回転するおそれがある場合のその直下をいうこと。（中略）なお、クレーン等に係る作業を行なう場合には、原則として労働者を荷等の下に立ち入らせることがないように指導すること。

② 第１号の「ハッカー」とは、先端がつめの形状になっており、荷の端部につめを掛けることにより玉掛けするフックをいうこと。
③ 第２号の「つりクランプ」とは、つり荷の重量とリンク機構、カム機構等との作用によりつり荷を挟み把持する玉掛用具をいうこと。
④ 第３号の「アイボルト」とは、丸棒の一端をリング状、他端をボルト状にし、荷に取り付けて、フック及びワイヤロープ等を掛けやすくするために用いるものをいうこと。
⑤ 第４号の「箱に入れられる等」の「等」には、ワイヤモッコ又は袋に入れられる場合等が含まれるが、荷が小さくワイヤモッコから抜け落ち、又は積み過ぎ若しくは片荷のため箱等からこぼれ落ちるおそれのある場合は含まないこと。
⑥ 第５号の「磁力により吸着させるつり具又は玉掛用具」には、リフチングマグネットのほか、永久磁石を使用したものがあること。
　また、「陰圧により吸着させるつり具又は玉掛用具」とは、ゴム製等のカップを荷に密着させ、カップ内を陰圧にすることにより吸着させるものをいうこと。
⑦ 第６号の「動力下降以外の方法」とは自由下降をいうこと。　（平 4.8.24 基発第 480 号）

（強風時の作業中止）

第 31 条の 2　事業者は、強風のため、クレーンに係る作業の実施について危険が予想されるときは、当該作業を中止しなければならない。

【解　説】

① 「強風」とは、10 分間の平均風速が 10m/s 以上の風をいうこと。
② 「クレーン（移動式クレーン、デリック）に係る作業の実施について危険が予想されるとき」とは、クレーン、移動式クレーン及びデリックの構造、つり荷の形状等により風による危険性の程度が異なるため、個々の作業により判断すべきものであるが、風につり荷が振れ、又は回転し、労働者に危険を及ぼすおそれのあるとき、定格荷重近くの荷をつり上げる作業で風圧によりつり荷の作業半径が増大し定格荷重を超える荷重が掛かるおそれのあるとき等をいうこと。　（平 4.8.24 基発第 480 号）

（強風時における損壊の防止）

第 31 条の 3　事業者は、前条の規定により作業を中止した場合であつてジブクレーンのジブが損壊するおそれのあるときは、当該ジブの位置を固定させる等によりジブの損壊による労働者の危険を防止するための措置を講じなければならない。

【解　説】

「労働者の危険を防止するための措置」には、ジブクレーンにおいてジブを堅固な物に固定すること、ジブの安定が保持される位置にセットし、自由に旋回できる状態としておくこと等の措置のほか、ジブの損壊により危険が及ぶおそれのある範囲内を立入禁止とする措置が含まれること。
（平 4.8.24 基発第 480 号）

（運転位置からの離脱の禁止）

第 32 条　事業者は、クレーンの運転者を、荷をつつたままで、運転位置から離れさせてはならない。

② 前項の運転者は、荷をつつたままで、運転位置を離れてはならない。

第3節 定期自主検査等

（作業開始前の点検）

第36条 事業者は、クレーンを用いて作業を行なうときは、その日の作業を開始する前に、次の事項について点検を行なわなければならない。

1 巻過防止装置、ブレーキ、クラッチ及びコントローラーの機能

2 ランウエイの上及びトロリが横行するレールの状態

3 ワイヤロープが通つている箇所の状態

【解 説】

本条の点検は、第1号については実際に作動をさせて円滑に作動するか否かを確かめることを要し、第2号および第3号については、同号に掲げる事項を見渡すことができる位置からその良否を確認することで足りること。

（昭46.9.7 基発第621号）

（暴風後等の点検）

第37条 事業者は、屋外に設置されているクレーンを用いて瞬間風速が毎秒30メートルをこえる風が吹いた後に作業を行なうとき、又はクレーンを用いて中震以上の震度の地震の後に作業を行なうときは、あらかじめ、クレーンの各部分の異常の有無について点検を行なわなければならない。

第3章 移動式クレーン

第2節 使用及び就業

（作業の方法等の決定等）

第66条の2 事業者は、移動式クレーンを用いて作業を行うときは、移動式クレーンの転倒等による労働者の危険を防止するため、あらかじめ、当該作業に係る場所の広さ、地形及び地質の状態、運搬しようとする荷の重量、使用する移動式クレーンの種類及び能力等を考慮して、次の事項を定めなければならない。

1 移動式クレーンによる作業の方法

2 移動式クレーンの転倒を防止するための方法

3 移動式クレーンによる作業に係る労働者の配置及び指揮の系統

② 事業者は、前項各号の事項を定めたときは、当該事項について、作業の開始前に、関係労働者に周知させなければならない。

【解　説】

① 第1項の「移動式クレーンの転倒等」の「等」には、移動式クレーンの上部旋回体によるはさまれ、荷の落下、架空電線の充電電路による感電等が含まれること。
② 第1項第1号の「作業の方法」には、一度につり上げる荷の重量、荷の積卸し位置、移動式クレーンの設置位置、玉掛けの方法、操作の方法等に関する事項があること。
③ 第1項第3号の「労働者の配置」を定めるとは、作業全体の指揮を行う者、玉掛けを行う者、合図を行う者等労働者の職務を定めること並びにこれらの者の作業場所及び立入禁止場所を定めること。　(平4.8.24 基発第480号)

(外れ止め装置の使用)

第66条の3　事業者は、移動式クレーンを用いて荷をつり上げるときは、外れ止め装置を使用しなければならない。

(過負荷の制限)

第69条　事業者は、移動式クレーンにその定格荷重をこえる荷重をかけて使用してはならない。

(傾斜角の制限)

第70条　事業者は、移動式クレーンについては、移動式クレーン明細書に記載されているジブの傾斜角(つり上げ荷重が3トン未満の移動式クレーンにあつては、これを製造した者が指定したジブの傾斜角)の範囲をこえて使用してはならない。

【解　説】

第24条の「解説」を参照。

(定格荷重の表示等)

第70条の2　事業者は、移動式クレーンを用いて作業を行うときは、移動式クレーンの運転者及び玉掛けをする者が当該移動式クレーンの定格荷重を常時知ることができるよう、表示その他の措置を講じなければならない。

【解　説】

第24条の2の「解説」を参照。

(使用の禁止)

第70条の3　事業者は、地盤が軟弱であること、埋設物その他地下に存する工作物が損壊するおそれがあること等により移動式クレーンが転倒するおそれのある場所においては、移動式クレーンを用いて作業を行つてはならない。ただし、当該場所において、移動式クレーンの転倒を防止するため必要な広さ及び強度を有する鉄板等が敷設され、その上に移動式クレーンを設置しているときは、この限りでない。

【解　説】

①「地盤が軟弱であること、埋設物その他地下に存する工作物が損壊するおそれがあること等」の「等」には、法肩（のり）の崩壊等が含まれること。
②「必要な広さ及び強度を有する」とは、地盤の状況、地下に存する工作物の状況等に応じて、鉄板等が沈下することのない広さを有し、かつ、移動式クレーンのアウトリガーによって加えられる荷重により変形しない強度を有することをいうこと。
③「鉄板等」の「等」には、敷板又は敷角が含まれること。　（平 4.8.24 基発第 480 号）

（運転の合図）

第 71 条　事業者は、移動式クレーンを用いて作業を行なうときは、移動式クレーンの運転について一定の合図を定め、合図を行なう者を指名して、その者に合図を行なわせなければならない。ただし、移動式クレーンの運転者に単独で作業を行なわせるときは、この限りでない。

②　前項の指名を受けた者は、同項の作業に従事するときは、同項の合図を行なわなければならない。

③　第 1 項の作業に従事する労働者は、同項の合図に従わなければならない。

（搭乗の制限）

第 72 条　事業者は、移動式クレーンにより、労働者を運搬し、又は労働者をつり上げて作業させてはならない。

第 73 条　事業者は、前条の規定にかかわらず、作業の性質上やむを得ない場合又は安全な作業の遂行上必要な場合は、移動式クレーンのつり具に専用のとう乗設備を設けて当該とう乗設備に労働者を乗せることができる。

②　事業者は、前項のとう乗設備については、墜落による労働者の危険を防止するため次の事項を行わなければならない。

1　とう乗設備の転位及び脱落を防止する措置を講ずること。

2　労働者に要求性能墜落制止用器具等を使用させること。

3　とう乗設備ととう乗者との総重量の 1.3 倍に相当する重量に 500 キログラムを加えた値が、当該移動式クレーンの定格荷重をこえないこと。

4　とう乗設備を下降させるときは、動力下降の方法によること。

③　労働者は、前項の場合において要求性能墜落制止用器具等の使用を命じられたときは、これを使用しなければならない。

【解　説】

第27条の「解説」を参照。

（立入禁止）

第74条　事業者は、移動式クレーンに係る作業を行うときは、当該移動式クレーンの上部旋回体と接触することにより労働者に危険が生ずるおそれのある箇所に労働者を立ち入らせてはならない。

第74条の2　事業者は、移動式クレーンに係る作業を行う場合であつて、次の各号のいずれかに該当するときは、つり上げられている荷（第6号の場合にあつては、つり具を含む。）の下に労働者を立ち入らせてはならない。

1　ハッカーを用いて玉掛けをした荷がつり上げられているとき。

2　つりクランプ1個を用いて玉掛けをした荷がつり上げられているとき。

3　ワイヤロープ等を用いて1箇所に玉掛けをした荷がつり上げられているとき（当該荷に設けられた穴又はアイボルトにワイヤロープ等を通して玉掛けをしている場合を除く。）。

4　複数の荷が一度につり上げられている場合であつて、当該複数の荷が結束され、箱に入れられる等により固定されていないとき。

5　磁力又は陰圧により吸着させるつり具又は玉掛用具を用いて玉掛けをした荷がつり上げられているとき。

6　動力下降以外の方法により荷又はつり具を下降させるとき。

【解　説】

第29条の「解説」を参照。

（強風時の作業中止）

第74条の3　事業者は、強風のため、移動式クレーンに係る作業の実施について危険が予想されるときは、当該作業を中止しなければならない。

【解　説】

第31条の2の「解説」を参照。

（運転位置からの離脱の禁止）

第75条　事業者は、移動式クレーンの運転者を、荷をつつたままで、運転位置から離れさせてはならない。

②　前項の運転者は、荷をつつたままで、運転位置を離れてはならない。

第3節　定期自主検査等

（作業開始前の点検）

第78条　事業者は、移動式クレーンを用いて作業を行なうときは、その日の作業を開始する前に、巻過防止装置、過負荷警報装置その他の警報装置、ブレーキ、クラッチ及びコントローラーの機能について点検を行なわなければならない。

【解　説】

本条の点検は、実際に作動をさせて円滑に作動するか否かを確かめることを要すること。

（昭46.9.7 基発第621号）

第4章　デリック

第2節　使用及び就業

（過負荷の制限）

第109条　事業者は、デリックにその定格荷重をこえる荷重をかけて使用してはならない。

②　前項の規定にかかわらず、事業者は、やむを得ない事由により同項の規定によることが著しく困難な場合において、次の措置を講ずるときは、定格荷重をこえ、第97条（編注・略）第3項に規定する荷重試験でかけた荷重まで荷重をかけて使用することができる。

1　あらかじめ、デリック特例報告書（様式第10号）（編注・略）を所轄労働基準監督署長に提出すること。

2　あらかじめ、第97条第3項に規定する荷重試験を行ない異常がないことを確認すること。

3　作業を指揮する者を指名して、その者の直接の指揮のもとに作動させること。

③　事業者は、前項第2号の規定により荷重試験を行なつたとき及びデリックに定格荷重をこえる荷重をかけて使用したときは、その結果を記録し、これを3年間保存しなければならない。

（傾斜角の制限）

第110条　事業者は、ブームを有するデリックについては、デリック明細書に記載されているブームの傾斜角（つり上げ荷重が2トン未満のデリックにあつては、その設置のための設計において定められているブームの傾斜角）の範囲をこえて使用

してはならない。

【解　説】

「設置のための設計」とは、デリックを設置する際に行う設計をいい、当該設計においては、ブームを有するデリックについて、ブームの使用可能な傾斜角の範囲が定められるものであること。
（昭 46.9.7 基発第 621 号）

（運転の合図）

第 111 条　事業者は、デリックを用いて作業を行なうときは、デリツクの運転について一定の合図を定め、合図を行なう者を指名して、その者に合図を行なわせなければならない。ただし、デリツクの運転者に単独で作業を行なわせるときは、この限りでない。

②　前項の指名を受けた者は、同項の作業に従事するときは、同項の合図を行なわなければならない。

③　第１項の作業に従事する労働者は、同項の合図に従わなければならない。

（搭乗の制限）

第 112 条　事業者は、デリックにより、労働者を運搬し、又は労働者をつり上げて作業させてはならない。

第 113 条　事業者は、前条の規定にかかわらず、作業の性質上やむを得ない場合又は安全な作業の遂行上必要な場合は、デリツクのつり具に専用のとう乗設備を設けて当該とう乗設備に労働者を乗せることができる。

②　第 27 条第２項及び第３項の規定は、前項の場合について準用する。

【解　説】

本条については第 27 条関係に示すところに準ずるほか、当該デリックのつり上装置に設けられるブレーキは、電磁ブレーキ等人力によるもの以外のものとするよう指導すること。
（昭 46.9.7 基発第 621 号）

（立入禁止）

第 114 条　事業者は、デリックを用いて作業を行なうときは、巻上げ用ワイヤロープ若しくは起伏用ワイヤロープが通つているシーブ又はその取付け部の破損により、当該ワイヤロープがはね、又は当該シーブ若しくはその取付具が飛来することによる労働者の危険を防止するため、当該ワイヤロープの内角側で、当該危険を生ずるおそれのある箇所に労働者を立ち入らせてはならない。

第 115 条　事業者は、デリックに係る作業を行う場合であつて、次の各号のいずれかに該当するときは、つり上げられている荷（第６号の場合にあつては、つり具を含む。）の下に労働者を立ち入らせてはならない。

1　ハッカーを用いて玉掛けをした荷がつり上げられているとき。

2　つりクランプ１個を用いて玉掛けをした荷がつり上げられているとき。

3　ワイヤロープ等を用いて１箇所に玉掛けをした荷がつり上げられているとき（当該荷に設けられた穴又はアイボルトにワイヤロープ等を通して玉掛けをしている場合を除く。）。

4　複数の荷が一度につり上げられている場合であつて、当該複数の荷が結束され、箱に入れられる等により固定されていないとき。

5　磁力又は陰圧により吸着させるつり具又は玉掛用具を用いて玉掛けをした荷がつり上げられているとき。

6　動力下降以外の方法により荷又はつり具を下降させるとき。

（強風時の作業中止）

第116条の2　事業者は、強風のため、デリックに係る作業の実施について危険が予想されるときは、当該作業を中止しなければならない。

（運転位置からの離脱の禁止）

第117条　事業者は、デリックの運転者を、荷をつつたままで、運転位置から離れさせてはならない。

②　前項の運転者は、荷をつつたままで、運転位置を離れてはならない。

第３節　定期自主検査等

（作業開始前の点検）

第121条　事業者は、デリックを用いて作業を行なうときは、その日の作業を開始する前に、次の事項について点検を行なわなければならない。

1　巻過防止装置、ブレーキ、クラッチ及びコントローラーの機能

2　ワイヤロープが通つている箇所の状態

【解　説】

本条の点検は、第１号については実際に作動をさせて円滑に作動するか否かを確かめることを要し、第２号については、ワイヤロープが通っている箇所の状態を見渡すことができる位置からその良否を確認することで足りること。

（昭46.9.7 基発第621号）

（暴風後等の点検）

第122条　事業者は、屋外に設置されているデリックを用いて瞬間風速が毎秒30メートルをこえる風が吹いた後に作業を行なうとき、又はデリックを用いて中震

以上の震度の地震の後に作業を行なうときは、あらかじめ、デリックの各部分の異常の有無について点検を行なわなければならない。

第8章　玉掛け

第1節　玉掛用具

（玉掛け用ワイヤロープの安全係数）

第213条　事業者は、クレーン、移動式クレーン又はデリックの玉掛用具であるワイヤロープの安全係数については、6以上でなければ使用してはならない。

②　前項の安全係数は、ワイヤロープの切断荷重の値を、当該ワイヤロープにかかる荷重の最大の値で除した値とする。

【解　説】

第2項の「ワイヤロープにかかる荷重」の算定にあたっては、玉掛けの際のつり角の影響を考慮するものとすること。（昭46.9.7基発第621号、平10.6.24基発第396号）

（玉掛け用つりチェーンの安全係数）

第213条の2　事業者は、クレーン、移動式クレーン又はデリックの玉掛用具であるつりチェーンの安全係数については、次の各号に掲げるつりチェーンの区分に応じ、当該各号に掲げる値以上でなければ使用してはならない。

1　次のいずれにも該当するつりチェーン　4

イ　切断荷重の2分の1の荷重で引つ張つた場合において、その伸びが0.5パーセント以下のものであること。

ロ　その引張強さの値が400ニュートン毎平方ミリメートル以上であり、かつ、その伸びが、次の表の上欄（編注・左欄）に掲げる引張強さの値に応じ、それぞれ同表の下欄（編注・右欄）に掲げる値以上となるものであること。

引張強さ（単位　ニュートン毎平方ミリメートル）	伸び（単位　パーセント）
400以上630未満	20
630以上1,000未満	17
1,000以上	15

2　前号に該当しないつりチェーン　5

②　前項の安全係数は、つりチェーンの切断荷重の値を、当該つりチェーンにかかる荷重の最大の値で除した値とする。

【解　説】
第２項の「つりチェーンにかかる荷重」の算定にあたっては、玉掛けの際のつり角の影響を考慮するものとすること。（平 10.6.24 基発第 396 号）

（玉掛け用フック等の安全係数）

第 214 条　事業者は、クレーン、移動式クレーン又はデリックの玉掛用具であるフック又はシヤツクルの安全係数については、５以上でなければ使用してはならない。

②　前項の安全係数は、フック又はシヤツクルの切断荷重の値を、それぞれ当該フック又はシヤツクルにかかる荷重の最大の値で除した値とする。

（不適格なワイヤロープの使用禁止）

第 215 条　事業者は、次の各号のいずれかに該当するワイヤロープをクレーン、移動式クレーン又はデリックの玉掛用具として使用してはならない。

1　ワイヤロープ１よりの間において素線（フイラ線を除く。以下本号において同じ。）の数の 10 パーセント以上の素線が切断しているもの

2　直径の減少が公称径の７パーセントをこえるもの

3　キンクしたもの

4　著しい形くずれ又は腐食があるもの

（不適格なつりチエーンの使用禁止）

第 216 条　事業者は、次の各号のいずれかに該当するつりチエーンをクレーン、移動式クレーン又はデリックの玉掛用具として使用してはならない。

1　伸びが、当該つりチエーンが製造されたときの長さの５パーセントをこえるもの

2　リンクの断面の直径の減少が、当該つりチエーンが製造されたときの当該リンクの断面の直径の 10 パーセントをこえるもの

3　き裂があるもの

（不適格なフツク、シヤツクル等の使用禁止）

第 217 条　事業者は、フツク、シヤツクル、リング等の金具で、変形しているもの又はき裂があるものを、クレーン、移動式クレーン又はデリックの玉掛用具として使用してはならない。

（不適格な繊維ロープ等の使用禁止）

第 218 条　事業者は、次の各号のいずれかに該当する繊維ロープ又は繊維ベルトをクレーン、移動式クレーン又はデリックの玉掛用具として使用してはならない。

1　ストランドが切断しているもの
2　著しい損傷又は腐食があるもの
（リングの具備等）

第219条　事業者は、エンドレスでないワイヤロープ又はつりチエーンについては、その両端にフツク、シヤツクル、リング又はアイを備えているものでなければクレーン、移動式クレーン又はデリツクの玉掛用具として使用してはならない。

②　前項のアイは、アイスプライス若しくは圧縮どめ又はこれらと同等以上の強さを保持する方法によるものでなければならない。この場合において、アイスプライスは、ワイヤロープのすべてのストランドを3回以上編み込んだ後、それぞれのストランドの素線の半数の素線を切り、残された素線をさらに2回以上（すべてのストランドを4回以上編み込んだ場合には1回以上）編み込むものとする。

【解　説】
①　第2項の「これらと同等以上の強さを保持する方法」とは、クリップまたはクランプを用いる方法をいうこと。
②　第2項後段のアイスプライスの編込みは、十分な技能および経験を有する者に行わせるように指導すること。　（昭46.9.7 基発第621号）

（使用範囲の制限）

第219条の2　事業者は、磁力若しくは陰圧により吸着させる玉掛用具、チェーンブロック又はチェーンレバーホイスト（以下この項において「玉掛用具」という。）を用いて玉掛けの作業を行うときは、当該玉掛用具について定められた使用荷重等の範囲で使用しなければならない。

②　事業者は、つりクランプを用いて玉掛けの作業を行うときは、当該つりクランプの用途に応じて玉掛けの作業を行うとともに、当該つりクランプについて定められた使用荷重等の範囲で使用しなければならない。

【解　説】
①　「チェーンレバーホイスト」とは、レバーの反復操作によって、チェーンを使用して荷の巻上げ、巻下げを行う玉掛け用具をいうこと。
②　第1項及び第2項の「使用荷重等」の「等」には、磁力又は陰圧により吸着させる玉掛用具にあっては、その荷の形状、表面の状態等があり、つりクランプにあっては把持できる厚さ、クランプを掛ける位置の平行度等があること。
③　第2項の「当該つりクランプの用途」とは、横づり用、縦づり用等の区分をいうこと。
（平4.8.24 基発第480号）

（作業開始前の点検）

第220条　事業者は、クレーン、移動式クレーン又はデリツクの玉掛用具であるワイヤロープ、つりチエーン、繊維ロープ、繊維ベルト又はフツク、シヤツクル、リング等の金具（以下この条において「ワイヤロープ等」という。）を用いて玉掛けの作業を行なうときは、その日の作業を開始する前に当該ワイヤロープ等の異常の有無について点検を行なわなければならない。

② 事業者は、前項の点検を行なつた場合において、異常を認めたときは、直ちに補修しなければならない。

第2節　就業制限

（就業制限）

第221条　事業者は、令第20条第16号に掲げる業務（制限荷重が1トン以上の揚貨装置の玉掛けの業務を除く。）については、次の各号のいずれかに該当する者でなければ、当該業務に就かせてはならない。

1　玉掛け技能講習を修了した者

2　職業能力開発促進法（昭和44年法律第64号。以下「能開法」という。）第27条第1項の準則訓練である普通職業訓練のうち、職業能力開発促進法施行規則（昭和44年労働省令第24号。以下「能開法規則」という。）別表第4の訓練科の欄に掲げる玉掛け科の訓練（通信の方法によつて行うものを除く。）を修了した者

3　その他厚生労働大臣が定める者

（特別の教育）

第222条　事業者は、つり上げ荷重が1トン未満のクレーン、移動式クレーン又はデリックの玉掛けの業務に労働者をつかせるときは、当該労働者に対し、当該業務に関する安全のための特別の教育を行なわなければならない。

② 前項の特別の教育は、次の科目について行なわなければならない。

1　クレーン、移動式クレーン及びデリック（以下この条において「クレーン等」という。）に関する知識

2　クレーン等の玉掛けに必要な力学に関する知識

3　クレーン等の玉掛けの方法

4　関係法令

5　クレーン等の玉掛け

6　クレーン等の運転のための合図

③ 安衛則第37条及び第38条並びに前二項に定めるもののほか、第1項の特別の教育に関し必要な事項は、厚生労働大臣が定める。

第10章　床上操作式クレーン運転技能講習、小型移動式クレーン運転技能講習及び玉掛け技能講習

（玉掛け技能講習の講習科目）

第246条　玉掛け技能講習は、学科講習及び実技講習によつて行う。

②　学科講習は、次の科目について行う。

1　クレーン、移動式クレーン、デリック及び揚貨装置（以下この条において「クレーン等」という。）に関する知識

2　クレーン等の玉掛けに必要な力学に関する知識

3　クレーン等の玉掛けの方法

4　関係法令

③　実技講習は、次の科目について行う。

1　クレーン等の玉掛け

2　クレーン等の運転のための合図

（技能講習の細目）

第247条　安衛則第80条から第82条の2まで及びこの章に定めるもののほか、床上操作式クレーン運転技能講習、小型移動式クレーン運転技能講習及び玉掛け技能講習の実施について必要な事項は、厚生労働大臣が定める。

附　則（抄）

第8条　令和2年7月31日までに有効期間が満了するクレーン検査証、移動式クレーン検査証、デリック検査証又はエレベーター検査証に係るクレーン、移動式クレーン、デリック又はエレベーターについて、新型コロナウイルス感染症（病原体がベータコロナウイルス属のコロナウイルス（令和2年1月に、中華人民共和国から世界保健機関に対して、人に伝染する能力を有することが新たに報告されたものに限る。）であるものに限る。）のまん延の影響を受け、当該有効期間内に性能検査を受けることが困難であると都道府県労働局長が認めるときは、第10条、第60条第1項、第100条又は第144条に規定する有効期間（第43条、第60条第2項、第84条、第128条又は第162条の規定により延長又は更新された有効期間を含む。）にかかわらず、当該クレーン検査証、移動式クレーン検査証、デリック検査証又はエレベーター検査証の有効期間を、4月を超えない範囲内において都道府県労働局長が定める期間延長することができる。

第6章

災害事例

>>> 本章のポイント <<<

● 災害事例を通じて、労働災害の原因や、災害防止のポイントを学びます。

事例1

被災者は、角形鋼管２本をハッカーで玉掛けし、移動させていたところ、つり荷がハッカーから外れて落下し、下敷きになった

〈業　　種〉製造業
〈事業場規模〉16～29人
〈起 因 物〉玉掛用具
〈事故の型〉飛来、落下
〈被害者数〉死亡者１人

発生状況

工場建屋内において、被災者他１名は、共同してホイスト式天井クレーン（定格荷重5t）2基を操作し、共つりにより、長さの異なる2本の建築資材用の角形鋼管（断面：55cm、長さ：738cmと717cm）をハッカーで玉掛けし、出荷製品等の仮置き場へ移動させようと決めました。

両名は、角形鋼管をつり上げる玉掛用具として、天井クレーン１基に対し先端に2つのつめを有するハッカー１個を使用し、2本並べた角形鋼管の端部にハッカーのつめを１つずつ掛ける方法により玉掛けを行い、一度に2本の角形鋼管を地切り後、高さ約170cmの位置までつり上げ、共つりの状態で、災害発生場所である出荷製品等の仮置き場まで、クレーンを操作しつつ角形鋼管と一緒に移動しました。

仮置き場到着後、両名は角形鋼管をつり上げたままの状態で、天井クレーンの運転操作を止めて静止させ、被災者は、足元床面に置かれていた角形鋼管の下にまくら木として敷く木製の角材を拾おうと角形鋼管の下に入り込んだところ、2本の角形鋼管のうち、短い角形鋼管が、被災者が操作していた天井クレーンのハッカーから外れて落下し、当該角形鋼管の下にいた被災者に直撃したものです。

原　因

この災害の原因としては、次のようなことが考えられます。

❶ 角形鋼管２本の重量が、１基の天井クレーンのつり上げ荷重能力を超えてしまうという理由等から、クレーン相互の運動の差異が生じやすい２基の天井クレーンを用いて、角形鋼管をつり上げる「共つり」の方法により移動作業を行っていたこと。

❷ ハッカーのつめ２本を、１本ずつ角形鋼管の端部に引っ掛けていたが、ハッカーのつめの奥行きが不十分であり、短いほうの角形鋼管は、ハッカーのつめの引っ掛かりが不十分であったこと。

❸ 玉掛用具としてハッカーを用い、かつ、クレーンで共つりを行っていた危険な状況下で、荷の下に入って作業を行っていたこと。

❹ 荷の玉掛け基準、ハッカーの使用基準等、天井クレーン作業について作業標準等に基づく具体的な定めがなく、関係労働者に対する安全教育および安全管理が不十分であったこと。

対　策

類似災害の防止のためには、次のような対策の徹底が必要です。

❶ つり荷である鋼管の重量が、天井クレーンの定格荷重を超える場合には、鋼管を１本ずつ運搬し、天井クレーンの共つり作業は禁止すること。

❷ 玉掛用具であるハッカーの使用方法として、２本の鋼管をつり上げる場合には、片端に２つのハッカーを使用させ、１つのハッカーで２本の鋼管をつり上げる方法を禁止すること。

❸ ハッカーを用いて玉掛けを行った荷がつり上げられているときは、つり上げられた荷の下に労働者を立ち入らせないこと。

❹ 荷の玉掛け基準、ハッカーの使用基準等、天井クレーン作業について作業標準書を作成すること。

❺ 安全衛生教育の実施等により、関係労働者に作業手順を周知し、安全衛生に関する規律の確立を図ること。

関係法令

クレーン等安全規則

（過負荷の制限）

第23条　事業者は、クレーンにその定格荷重をこえる荷重をかけて使用してはならない。

② 前項の規定にかかわらず、事業者は、やむを得ない事由により同項の規定によることが著しく困難な場合において、次の措置を講ずるときは、定格荷重をこえ、第6条第3項に規定する荷重試験でかけた荷重まで荷重をかけて使用することができる。

1　あらかじめ、クレーン特例報告書（様式第10号）を所轄労働基準監督署長に提出すること。

2　あらかじめ、第6条第3項に規定する荷重試験を行ない、異常がないことを確認すること。

3　作業を指揮する者を指名して、その者の直接の指揮のもとに作動させること。

③ 事業者は、前項第2号の規定により荷重試験を行なつたとき、及びクレーンに定格荷重をこえる荷重をかけて使用したときは、その結果を記録し、これを3年間保存しなければならない。

（立入禁止）

第29条　事業者は、クレーンに係る作業を行う場合であつて、次の各号のいずれかに該当するときは、つり上げられている荷（第6号の場合にあつては、つり具を含む。）の下に労働者を立ち入らせてはならない。

1　ハッカーを用いて玉掛けをした荷がつり上げられているとき。

2　つりクランプ1個を用いて玉掛けをした荷がつり上げられているとき。

3　ワイヤロープ、つりチェーン、繊維ロープ又は繊維ベルト（以下第115条までにおいて「ワイヤロープ等」という。）を用いて1箇所に玉掛けをした荷がつり上げられているとき（当該荷に設けられた穴又はアイボルトにワイヤロープ等を通して玉掛けをしている場合を除く。）。

4　複数の荷が一度につり上げられている場合であつて、当該複数の荷が結束され、箱に入れられる等により固定されていないとき。

5　磁力又は陰圧により吸着させるつり具又は玉掛用具を用いて玉掛けをした荷がつり上げられているとき。

6　動力下降以外の方法により荷又はつり具を下降させるとき。

事例2

床上操作式天井クレーンを用いて鉄板を移動中、鉄板が揺れて配電盤との間にはさまれる

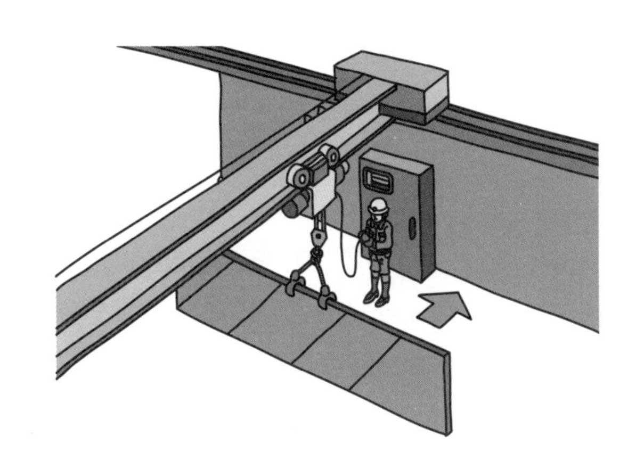

〈業　　　種〉金属製品製造業
〈事業場規模〉16～29人
〈起　因　物〉クレーン
〈事 故 の 型〉激突され
〈被 害 者 数〉死亡者1人

発生状況

この災害は、床上操作式天井クレーンを用いて鉄板を移動していたときに、鉄板が運転操作を行っていた被災者の方向に振れたため、その位置にあった配電盤との間にはさまれたものです。

この会社は、金属板のロール曲げ加工等を行う金属製品の製造を行っており、被災者はケーシング材の機械加工等を行っていました。

当日、被災者は、予定した一日の作業を終えた後、翌日の準備作業として同僚とともに、鉄板を移動させる作業を行うこととしました。作業は、鉄板（2.2m × 8.1m × 19mm、質量 2.657t）の2か所にクランプを掛け、被災者がペンダントスイッチ（上から「上→下→東→西→南→北」の表示となっている）でホイスト式天井クレーン（定格荷重 2.8t）を操作して荷をつり上げ、南→西と運搬するはずでしたが、誤って南→東とペンダントを操作してしまったため、荷が被災者の方向に振れて配電盤との間にはさまれたものです。

なお、天井クレーンのガーダ下部には「東西南北」の方向表示があり、フックには外れ止め装置がありましたが、クレーンの定期自主検査は行われていませんでした。玉掛け用ワイヤロープは 2.5m × 16mm で、クランプがついていました。

原　因

この災害の原因としては、次のようなことが考えられます。

❶ **無資格者にクレーンの操作を行わせたこと。**

被災者が操作したクレーンは、免許または技能講習修了証か特別教育の修了が必要ですが、被災者は免許または技能講習修了証（5t 以上の床上操作式クレーンの運転）を所有しておらず、またクレーン取扱い業務等特別教育も受けていませんでした。なお、会社も特別教育は実施していません。

❷ **ペンダントスイッチの操作を誤ったこと。**

ペンダントスイッチは、クレーンを多くの方向に動かせる機能を有していますが、被災者はその操作を誤りました。また、ペンダントスイッチの操作を荷の近くで、かつ、配電盤近くの狭い箇所で行っていました。

❸ **安全衛生教育を実施していなかったこと。**

この会社では、従業員に対して労働災害防止のための安全衛生教育を実施しておらず、また、クレーンの運転に必要な資格等の確認も行っていませんでした。

対 策

同種災害の防止のためには、次のような対策の徹底が必要です。

❶ クレーンの運転は有資格者に行わせること。

事業者は、作業者をつり上げ荷重 5t 未満のクレーンの運転の業務に就かせる場合には、クレーン運転免許または技能講習修了証を所有する者か、クレーンの運転に係る特別教育を修了した者であることを確認しなければなりません。そのため、事業者は、クレーンの運転を含め会社の作業に必要な各種の資格をチェックするとともに、有資格者をリストアップしておき、作業を指示する前にその確認を行うようにします。

❷ 安全衛生教育を実施すること。

事業者は、クレーンを使用した作業を行う場合には、クレーンの運行経路の確保、運転者の位置、クレーンの定期自主検査の状況の確認と作業開始前点検の実施、荷の形状・質量等の確認などを明確に指示しなければなりません。

また、安全衛生推進者を選任（工業的な業種で常時使用する作業者が 10 ～ 49 人の事業場で選任義務がある。50 人以上の場合は安全管理者、衛生管理者等の選任が必要）し、玉掛けワイヤロープの選定要領、玉掛け方法、運転方法等を含む安全作業手順等を定め、あらかじめ関係者に教育を行います。

関係法令

労働安全衛生法

（安全衛生推進者等）

第12条の2　事業者は、第11条第1項の事業場及び前条第1項の事業場以外の事業場で、厚生労働省令で定める規模のものごとに、厚生労働省令で定めるところにより、安全衛生推進者（第11条第1項の政令で定める業種以外の業種の事業場にあつては、衛生推進者）を選任し、その者に第10条第1項各号の業務（第25条の2第2項の規定により技術的事項を管理する者を選任した場合においては、同条第1項各号の措置に該当するものを除くものとし、第11条第1項の政令で定める業種以外の業種の事業場にあつては、衛生に係る業務に限る。）を担当させなければならない。

（安全衛生教育）

第59条　事業者は、労働者を雇い入れたときは、当該労働者に対し、厚生労働省令で定めるところにより、その従事する業務に関する安全又は衛生のための教育を行なわなければならない。

②　前項の規定は、労働者の作業内容を変更したときについて準用する。

③　事業者は、危険又は有害な業務で、厚生労働省令で定めるものに労働者をつかせるときは、厚生労働省令で定めるところにより、当該業務に関する安全又は衛生のための特別の教育を行なわなければならない。

（就業制限）

第61条　事業者は、クレーンの運転その他の業務で、政令で定めるものについては、都道府県労働局長の当該業務に係る免許を受けた者又は都道府県労働局長の登録を受けた者が行う当該業務に係る技能講習を修了した者その他厚生労働省令で定める資格を有する者でなければ、当該業務に就かせてはならない。

②　前項の規定により当該業務につくことができる者以外の者は、当該業務を行なつてはならない。

③　第1項の規定により当該業務につくことができる者は、当該業務に従事するときは、これに係る免許証その他その資格を証する書面を携帯していなければならない。

④　職業能力開発促進法（昭和44年法律第64号）第24条第1項（同法第27条の2第2項において準用する場合を含む。）の認定に係る職業訓練を受ける労働者について必要がある場合においては、その必要の限度で、前三項の規定について、厚生労働省令で別段の定めをすることができる。

労働安全衛生規則

（特別教育を必要とする業務）

第36条　法第59条第3項の厚生労働省令で定める危険又は有害な業務は、次のとおりとする。

1～14　略

15　次に掲げるクレーン（移動式クレーン（令第1条第8号の移動式クレーンをいう。以下同じ。）を除く。以下同じ。）の運転の業務

イ　つり上げ荷重が5トン未満のクレーン

ロ　つり上げ荷重が5トン以上の跨（こ）線テルハ

16　つり上げ荷重が1トン未満の移動式クレーンの運転（道路上を走行させる運転を除く。）の業務

17　つり上げ荷重が5トン未満のデリックの運転の業務

18　略

19　つり上げ荷重が1トン未満のクレーン、移動式クレーン又はデリックの玉掛けの業務

20～41　略

事例3

H鋼をつり上げ中、玉掛け用ワイヤロープが切断し、荷の下敷きになる

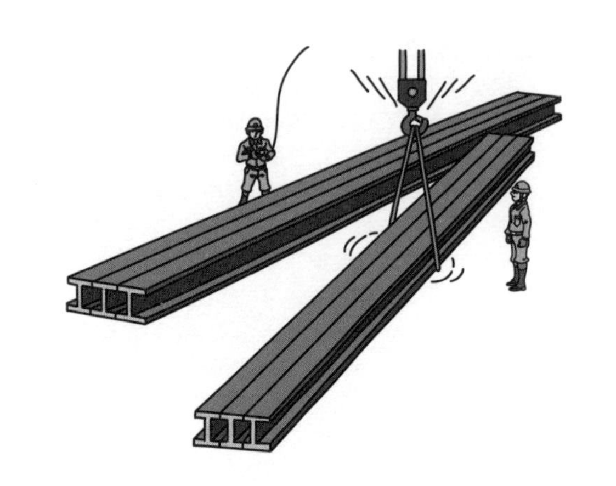

〈業　　　種〉その他の金属製品製造業
〈事業場規模〉1～4人
〈起　因　物〉玉掛用具
〈事 故 の 型〉飛来、落下
〈被 害 者 数〉休業者数1人

発生状況

この災害は、建築用H鋼を天井クレーンでつり上げて移動中に、玉掛け用ワイヤロープが切断し、玉掛け作業者が落下したH鋼の下敷きになったものです。

災害発生当日、建築工事で使用する鉄骨を製造するY社の構内下請Z社に指示された作業内容は、前工程で寸法切りし接合部材等を仮付けしたH鋼を溶接場に移動し、本溶接を行った後に次工程の塗装場に送り込むというものでした。

Z社の社長AとB作業者Bの2人は、まず長さ約3mのH鋼11本を溶接場に移動して本溶接を行った後、Aの指示によりBが玉掛け用ワイヤロープ2本で玉掛け（4点つり）し、Aが天井クレーン（定格荷重2.8t、床上操作式）を運転して塗装場に移動しました。

次に長さ8m、重量800kgのH鋼6本の本溶接を行うため、Aは溶接場でH鋼の置き場所の準備に取り掛かりました。このとき、Bは前工程の仮付け場で6本中の3本のH鋼を玉掛け用ワイヤロープ1本で玉掛け（大まわしつり）してしまいました。Aは玉掛けした荷が1本つりであったため、不安定で危ないと思ったのですが、早く本溶接に取り掛かりたかったため、Bに「離れていろ」と退避を指示してからクレーンを操作し、荷を約2mの高さまでつり上げたところ、玉掛け用ワイヤロープが切断してH鋼が落下し、H鋼の近くで様子を見ていたBが下敷きになったものです。Bは病院に搬送され、休業2か月の重傷を負いました。

切断した玉掛け用ワイヤロープにはキンクと型崩れがあったにもかかわらず、Y

社ではワイヤロープの定期的な点検を行っておらず、Z社も作業開始前の点検を行うことなく、そのまま使用していました。

なお、Aは床上操作式クレーンの運転の特別教育を受講し、玉掛け技能講習を修了していましたが、Bはこれらの特別教育も技能講習も修了していませんでした。

原　因

この災害の原因として、次のようなことが考えられます。

❶ 損傷した玉掛け用ワイヤロープを使用したこと。

❷ 1本の玉掛け用ワイヤロープで大まわしつりしたこと。

❸ 玉掛け作業補助者がつり荷の近くにいたこと。

❹ 玉掛け技能講習を修了していないBに、玉掛け作業を行わせたこと。

❺ 元方事業者が下請事業場に安全衛生管理の指導等を実施していなかったこと。

元方事業者（Y社）は、Z社等5社の下請事業場に対し、安全衛生管理の指導や作業に必要な法定資格の取得状況の確認を行っていませんでした。

対　策

同種災害防止のためには、次のような対策の徹底が必要です。

❶ 損傷した玉掛け用ワイヤロープを使用しないこと。

玉掛け用ワイヤロープは作業開始前に点検し、キンクや型崩れが見つかった場合には使用しないようにします。さらに、玉掛け用ワイヤロープを定期的に点検しておくとともに、点検時のチェックリストの使用、玉掛け用ワイヤロープへの点検実施月の明示（色別等）、点検実施者への教育の実施も重要です。

❷ つり荷は安定した方法で玉掛けすること。

玉掛け用ワイヤロープにかかる荷重を考慮し、安定してつり上げることができる方法で玉掛けを行います。また、つり上げる際には地切りを行い、つり荷の振れや傾きを確認することも重要です。

❸ 周囲の作業者はつり荷から十分に離れること。

玉掛け作業者等、周囲の作業者は、万が一、つり荷が落下しても下敷きにならないよう、つり荷から十分に離れます。また、つり荷を不必要に高くつり上げなくてもすむよう、移動経路に物を置かないようにすることも重要です。

❹ 玉掛け技能講習の修了者に玉掛け作業を行わせること。

つり上げ荷重が1t以上のクレーンの玉掛け作業は玉掛け技能講習の修了者に、

1t 未満のクレーンの玉掛け作業は、特別教育の修了者に行わせます。

❺　元方事業者は下請事業場に対し安全衛生管理の指導等を行うこと。

元方事業者は、自社の構内に常駐する下請事業場に対し、安全衛生管理の指導等を実施します。また、構内で行われる作業に必要な法定資格の取得状況を確認することも重要です。

関係法令

労働安全衛生法

（元方事業者の講ずべき措置等）

第29条　元方事業者は、関係請負人及び関係請負人の労働者が、当該仕事に関し、この法律又はこれに基づく命令の規定に違反しないよう必要な指導を行なわなければならない。

②　元方事業者は、関係請負人又は関係請負人の労働者が、当該仕事に関し、この法律又はこれに基づく命令の規定に違反していると認めるときは、是正のため必要な指示を行なわなければならない。

③　前項の指示を受けた関係請負人又はその労働者は、当該指示に従わなければならない。

第30条の2　製造業その他政令で定める業種に属する事業（特定事業を除く。）の元方事業者は、その労働者及び関係請負人の労働者の作業が同一の場所において行われることによつて生ずる労働災害を防止するため、作業間の連絡及び調整を行うことに関する措置その他必要な措置を講じなければならない。

②～④　略

（就業制限）

第61条　事業者は、クレーンの運転その他の業務で、政令で定めるものについては、都道府県労働局長の当該業務に係る免許を受けた者又は都道府県労働局長の登録を受けた者が行う当該業務に係る技能講習を修了した者その他厚生労働省令で定める資格を有する者でなければ、当該業務に就かせてはならない。

②　前項の規定により当該業務につくことができる者以外の者は、当該業務を行なつてはならない。

③　第1項の規定により当該業務につくことができる者は、当該業務に従事するときは、これに係る免許証その他その資格を証する書面を携帯していなければならない。

④　職業能力開発促進法（昭和44年法律第64号）第24条第1項（同法第27条の2第2項において準用する場合を含む。）の認定に係る職業訓練を受ける労働者について必要がある場合においては、その必要の限度で、前三項の規定について、厚生労働省令で別段の定めをすることができる。

クレーン等安全規則

（立入禁止）

第29条　事業者は、クレーンに係る作業を行う場合であつて、次の各号のいずれかに該当するときは、つり上げられている荷（第6号の場合にあつては、つり具を含む。）の下に労働者を立ち入らせてはならない。

1　ハッカーを用いて玉掛けをした荷がつり上げられているとき。

2　つりクランプ1個を用いて玉掛けをした荷がつり上げられているとき。

3　ワイヤロープ、つりチェーン、繊維ロープ又は繊維ベルト（以下第115条までにおいて「ワイヤロープ等」という。）を用いて1箇所に玉掛けをした荷がつり上げられているとき（当該荷に設けられた穴又はアイボルトにワイヤロープ等を通して玉掛けをしている場合を除く。）。

4　複数の荷が一度につり上げられている場合であつて、当該複数の荷が結束され、箱に入れられる等により固定されていないとき。

5　磁力又は陰圧により吸着させるつり具又は玉掛用具を用いて玉掛けをした荷がつり上げられているとき。

6　動力下降以外の方法により荷又はつり具を下降させるとき。

（不適格なワイヤロープの使用禁止）

第215条　事業者は、次の各号のいずれかに該当するワイヤロープをクレーン、移動式クレーン又はデリツクの玉掛用具として使用してはならない。
1　ワイヤロープ1よりの間において素線（フィラ線を除く。以下本号において同じ。）の数の10パーセント以上の素線が切断しているもの
2　直径の減少が公称径の7パーセントをこえるもの
3　キンクしたもの
4　著しい形くずれ又は腐食があるもの

事例 4

天井クレーンを使用してつり荷（鋼製角パイプ材）を移動中、つり治具のピンが抜け、つり荷が落下して作業者が下敷きとなり死亡

〈業　　　種〉めっき業
〈事業場規模〉16 ～ 29 人
〈起　因　物〉クレーン
〈事 故 の 型〉飛来、落下
〈被 害 者 数〉死亡者 1 人

発生状況

この災害は、亜鉛めっき工場内でつり荷の鋼製角パイプ材（25cm 角、長さ 3m、約 625kg）を 2 台の天井クレーン（2 台ともつり上げ荷重 1.5t）を用い 2 点つりで移動させる作業中に発生したものです。

災害発生当日の午後、作業指揮者である被災者 A、クレーン運転士 B および玉掛け作業者 C の 3 人は、めっき前処理を終えた鋼製角パイプ材を、2 台の無線操作式天井クレーンを使用し、専用のつり治具を用いた 2 点つりで、セット場と呼ばれるめっき場所に移動させる作業を行っていたところ、A は 10 本目の角パイプ材を移動中、酸による前処理の水きりが十分だったか気になり、クレーン運転士に指示して一旦クレーンを停止させ、角パイプ材を極端に斜めつり状態にして水切りを再確認していたところ、つり治具の U 字形金具が変形して、高くつっている側の治具のピンが抜け、つり荷が落下し、荷の下方にいた作業指揮者である被災者 A が下敷きとなって被災してしまったものです。

原　因

この災害の原因としては次のようなことが考えられます。

❶ つり荷をクレーンで移動させている途中、水切りを確認するため、つり荷（鋼製角パイプ材）を傾けて、斜めつりにしたところ、部材に装着していたつり治具の U

字形金具の口部分が押し広げられ、U 字形金具の一方の差込穴からピンが抜けてしまったこと。

❷ クレーンによる荷のつり上げ作業中、つり荷の下で作業を行っていたこと。

❸ 臨時の水切り確認作業は度々行われる作業であるにもかかわらず、その場合の適切な作業方法を定めていなかったこと。また、作業者の安全衛生教育も不十分であったこと。

対 策

同種災害防止のためには次のような対策の徹底が必要です。

❶ 水（酸液）切りが確実に実施されたかどうかを確認する作業は、通常の手順どおりにクレーンでめっき作業場所に移動させる前に実施し、クレーンでつり上げて移動させる前に水切りを完了しておくこと。

❷ クレーンを使用して作業を行う場合には、つり荷の下やその周辺付近への作業者の立入りを禁止し、クレーン運転士および作業指揮者の双方がその立入禁止区域内に人がいないことを確認し合うこと。

❸ 前処理、水切り、めっき等の一連の工程については、臨時的に必要となる作業も含めて安全な作業手順をあらかじめ定め、これをもとに作業者に対し安全衛生教育を十分行っておくこと。

関係法令

クレーン等安全規則

（立入禁止）

第 28 条　事業者は、ケーブルクレーンを用いて作業を行なうときは、巻上げ用ワイヤロープ若しくは横行用ワイヤロープが通つているシーブ又はその取付け部の破損により、当該ワイヤロープがはね、又は当該シーブ若しくはその取付具が飛来することによる労働者の危険を防止するため、当該ワイヤロープの内角側で、当該危険を生ずるおそれのある箇所に労働者を立ち入らせてはならない。

第 29 条　事業者は、クレーンに係る作業を行う場合であつて、次の各号のいずれかに該当するときは、つり上げられている荷（第 6 号の場合にあつては、つり具を含む。）の下に労働者を立ち入らせてはならない。

1　ハッカーを用いて玉掛けをした荷がつり上げられているとき。

2　つりクランプ 1 個を用いて玉掛けをした荷がつり上げられているとき。

3　ワイヤロープ、つりチェーン、繊維ロープ又は繊維ベルト（以下第 115 条までにおいて「ワイヤロープ等」という。）を用いて 1 箇所に玉掛けをした荷がつり上げられているとき（当該荷に設けられた穴又はアイボルトにワイヤロープ等を通して玉掛けをしている場合を除く。）。

4　複数の荷が一度につり上げられている場合であつて、当該複数の荷が結束され、箱に入れられる等により固定されていないとき。

5　磁力又は陰圧により吸着させるつり具又は玉掛用具を用いて玉掛けをした荷がつり上げられているとき。

6　動力下降以外の方法により荷又はつり具を下降させるとき。

事例5

メッキ工場でクレーンのつり荷に激突され、高温の処理槽に転落し死亡

〈業　　　種〉めっき業
〈事業場規模〉30～99人
〈起　因　物〉クレーン
〈事 故 の 型〉高温・低温の物との接触
〈被 害 者 数〉死亡者1人

発生状況

この災害は、排水溝の蓋、道路のガードレール等の鉄製品に亜鉛めっきを行っている工場で発生したものです。

災害発生当日、作業者A～Dの4人は、めっきを行う製品の前処理を行っていました。前処理は、（ア）脱脂処理、（イ）酸洗処理および（ウ）フラックス処理の3工程で、2台のホイストクレーン（いずれもつり上げ荷重2t）を使用して製品をつり上げ、工程に従って処理槽から処理槽へ順番に移動を行っていました。

午後3時頃、朝から脱脂処理を始めた製品すべての前処理が終わりましたが、次のめっき槽が空かないので、一時仮置きすることになり、フラックス槽での処理が終わった製品をクレーンでつり上げて、所定の場所へ移動させる作業を、2人ずつの組になって始めました。AはBと組になり、主にBが1号クレーンの運転を、Aが玉掛け作業を行い、2号クレーンを使用した作業は、CとDの組が行っていました。

Aが最初の移動を終えて戻ろうとしたとき、Cが運転する2号クレーンのつり荷がAの背後から激突し、Aは90℃の薬液が入ったフラックス槽（長さ6m、幅2m、深さ1.5m）へ転落し、火傷を負ってしまいました。Aは救助され病院に移送されましたが、翌日死亡しました。

フラックス槽の周囲には高さ50cmの柵が設置されていたものの、作業者の転落防止措置としては不十分でした。また、4人の作業者はいずれもクレーンの運転や玉掛け作業の資格を持っていませんでした。

工場では、クレーンを使用した処理槽から処理槽への製品の移動作業の作業手順書は作成していましたが、今回のように2台のクレーンを同時に使用する場合の安全確保に関する事項は作業手順書に盛り込まれていませんでした。

原　因

この災害の原因としては、次のようなことが考えられます。

❶ フラックス槽への転落防止措置が不十分だったこと。

Aが転落して火傷を負ったフラックス槽には90℃の薬液が入っており、その周囲には高さ50cmの柵が設置されていましたが、作業者の転落を防止するには十分ではありませんでした。

❷ 資格がない作業者に作業させたこと。

A～Dの4人は、いずれもクレーンの運転や玉掛け作業に必要な資格を有しておらず、クレーン運転時等の安全確保に関する知識は乏しいものでした。

❸ 作業手順書の内容が不十分だったこと。

クレーンを使用した製品の移動作業の作業手順書は作成されていましたが、狭い場所で2台のクレーンを使用して同時に別の作業を行う際の安全上の留意事項については、作業手順書に盛り込まれていませんでした。

対　策

同種災害の防止のためには、次のような対策の徹底が必要です。

❶ 処理槽の周囲に効果的な転落防止措置を講じること。

作業者が、作業中または通行時に薬液の入った処理槽等があるときは、周囲に高さが75cm以上の丈夫な柵等を設置する必要があります。

❷ クレーンの運転や玉掛け作業には有資格者を従事させること。

つり上げ荷重が0.5t以上5t未満のクレーンの運転を行う作業者に対して、事業者はあらかじめ特別教育を実施するか、または教習機関等が実施する特別教育を受講させる必要があります。また、つり上げ荷重が1t以上のクレーンによる玉掛け作業を行うには、玉掛け技能講習を修了した者をつかせる必要があります。

❸ 作業手順書を整備すること。

高温の薬液が入った処理槽の周囲の狭い場所で2台のクレーンを使用して行う作業がある場合には、関係作業者相互の位置確認、合図者の配置、転落防止措置の実施等を盛り込んだ作業手順書を作成するとともに、その内容を関係作業者に周知徹底することも重要です。

なお、毎日の作業開始前に、作業手順と安全のポイントの確認を行うことも有効です。

関係法令

労働安全衛生法

（安全衛生教育）

第59条 事業者は、労働者を雇い入れたときは、当該労働者に対し、厚生労働省令で定めるところにより、その従事する業務に関する安全又は衛生のための教育を行なわなければならない。

② 前項の規定は、労働者の作業内容を変更したときについて準用する。

③ 事業者は、危険又は有害な業務で、厚生労働省令で定めるものに労働者をつかせるときは、厚生労働省令で定めるところにより、当該業務に関する安全又は衛生のための特別の教育を行なわなければならない。

（就業制限）

第61条 事業者は、クレーンの運転その他の業務で、政令で定めるものについては、都道府県労働局長の当該業務に係る免許を受けた者又は都道府県労働局長の登録を受けた者が行う当該業務に係る技能講習を修了した者その他厚生労働省令で定める資格を有する者でなければ、当該業務に就かせてはならない。

② 前項の規定により当該業務につくことができる者以外の者は、当該業務を行なつてはならない。

③ 第1項の規定により当該業務につくことができる者は、当該業務に従事するときは、これに係る免許証その他その資格を証する書面を携帯していなければならない。

④ 職業能力開発促進法（昭和44年法律第64号）第24条第1項（同法第27条の2第2項において準用する場合を含む。）の認定に係る職業訓練を受ける労働者について必要がある場合においては、その必要の限度で、前三項の規定について、厚生労働省令で別段の定めをすることができる。

労働安全衛生規則

（特別教育を必要とする業務）

第36条 法第59条第3項の厚生労働省令で定める危険又は有害な業務は、次のとおりとする。

1～14 略

15 次に掲げるクレーン（移動式クレーン（令第1条第8号の移動式クレーンをいう。以下同じ。）を除く。以下同じ。）の運転の業務

イ つり上げ荷重が5トン未満のクレーン

ロ つり上げ荷重が5トン以上の跨（こ）線テルハ

16 つり上げ荷重が1トン未満の移動式クレーンの運転（道路上を走行させる運転を除く。）の業務

17 つり上げ荷重が5トン未満のデリツクの運転の業務

18 略

19 つり上げ荷重が1トン未満のクレーン、移動式クレーン又はデリツクの玉掛けの業務

20～41 略

（煮沸槽等への転落による危険の防止）

第533条 事業者は、労働者に作業中又は通行の際に転落することにより火傷、窒息等の危険を及ぼすおそれのある煮沸槽、ホツパー、ピツト等があるときは、当該危険を防止するため、必要な箇所に高さが75センチメートル以上の丈夫なさく等を設けなければならない。ただし、労働者に要求性能墜落制止用器具を使用させる等転落による労働者の危険を防止するための措置を講じたときは、この限りでない。

事例 6

ドラグ・ショベルで鉄板のつり上げ中、ワイヤロープのアイスプライスが抜ける

〈業　　種〉採石業
〈事業場規模〉16～29人
〈起　因　物〉玉掛用具
〈事 故 の 型〉飛来、落下
〈被 害 者 数〉死亡者1人

発生状況

この災害は、採石場の土捨場に敷く鉄板をドラグ・ショベルでダンプトラックに積み込む作業中に発生したものです。

災害発生当日、被災者は、2km 離れたところにある土捨場に敷くための鉄板を倉庫から搬送する作業を命じられ、同僚とともにトラック積載型クレーン（つり上げ荷重 2.93t）で鉄板の運搬を行っていました。

しかし、鉄板を降ろす土捨場は、前日の雨で地面の状態が良くないため作業性が悪く、同じ方法で作業を繰り返すと時間がかかると判断し、2回目からの鉄板の搬入はダンプトラック（10t）に数枚積んで運び、そこで荷台をダンプさせて一度に降ろす方法に変更しました。

3回目の鉄板の積込み作業は、2回目と同じくドラグ・ショベルでバケットのフックにつり具を掛けて鉄板をつり上げてダンプトラックへ載せる方法で行うこととし、同僚が鉄板の玉掛けおよびドラグ・ショベル（機体質量 24.7t）の操作を行い、被災者が荷台上で荷外しを担当しました。この方法でドラグ・ショベルにより鉄板のつり込みを行っていたところ、突然、つり具のワイヤロープのアイが抜け、つっていた鉄板（質量 1.3t）がダンプトラックの荷台に落下して荷台上にいた被災者の方へ倒れ、被災者は鉄板と荷台のあおりとの間にはさまれ死亡したものです。

原　因

この災害の原因としては、次のようなことが考えられます。

❶　玉掛け用ワイヤロープのアイスプライスの強度が不足していたこと。

玉掛けに使用したワイヤロープは、片側にクランプが付いているワイヤロープ2本の反対側のアイスプライスにつり上げ側（ドラグ・ショベル側）のワイヤロープを通してY形にしたものでしたが、2本のワイヤロープのうち、1本のアイスプライスの編み込みが不十分であったため強度が不足しており、推定1.3tの鉄板をつり上げたときに抜けてしまったものです。

❷　不適切なつり上げ用機械を使用したこと。

鉄板等をつり上げる場合には、移動式クレーンなど専用の機械を使用すべきであるのに、安易に車両系建設機械であるドラグ・ショベルを主たる用途以外の荷のつり上げ作業に使用していました。

❸　狭いダンプトラックの荷台に立ち入っていたこと。

被災者は、鉄板の積み込み作業の効率を上げるため、高さ1.6mのダンプトラックの荷台上に居たままで荷外し作業を進めており、荷台上が狭いため、鉄板が倒れてきたときに退避できる場所がありませんでした。

対　策

同種災害の防止のためには、次のような対策の徹底が必要です。

❶　適切な玉掛用具を使用すること。

玉掛用具として使用するワイヤロープについては、アイスプライスが法定の編み込みを行った強度のあるものを使用するとともに、つり荷に対して十分な安全係数のものを使用します。

❷　作業開始前に点検を行うこと。

玉掛け用ワイヤロープについては、その日の作業開始前にワイヤロープ等の異常の有無を点検します。

❸　危険範囲の立入りを禁止する。

つり上げた荷との接触またはつり上げた荷の落下により危険が生ずるおそれのある箇所には作業者の立入りを禁止します。

❹　作業に適した専用の機械を使用すること。

荷のつり上げ作業には、移動式クレーンなどの専用機械を使用し、ドラグ・ショベル等の車両系建設機械を主たる用途以外の作業に使用しないようにします。

関係法令

クレーン等安全規則

（立入禁止）

第74条　事業者は、移動式クレーンに係る作業を行うときは、当該移動式クレーンの上部旋回体と接触することにより労働者に危険が生ずるおそれのある箇所に労働者を立ち入らせてはならない。

第74条の2　事業者は、移動式クレーンに係る作業を行う場合であつて、次の各号のいずれかに該当するときは、つり上げられている荷（第6号の場合にあつては、つり具を含む。）の下に労働者を立ち入らせてはならない。

1　ハッカーを用いて玉掛けをした荷がつり上げられているとき。

2　つりクランプ1個を用いて玉掛けをした荷がつり上げられているとき。

3　ワイヤロープ等を用いて1箇所に玉掛けをした荷がつり上げられているとき（当該荷に設けられた穴又はアイボルトにワイヤロープ等を通して玉掛けをしている場合を除く。）。

4　複数の荷が一度につり上げられている場合であつて、当該複数の荷が結束され、箱に入れられる等により固定されていないとき。

5　磁力又は陰圧により吸着させるつり具又は玉掛用具を用いて玉掛けをした荷がつり上げられているとき。

6　動力下降以外の方法により荷又はつり具を下降させるとき。

（不適格なワイヤロープの使用禁止）

第215条　事業者は、次の各号のいずれかに該当するワイヤロープをクレーン、移動式クレーン又はデリツクの玉掛用具として使用してはならない。

1　ワイヤロープ1よりの間において素線（フイラ線を除く。以下本号において同じ。）の数の10パーセント以上の素線が切断しているもの

2　直径の減少が公称径の7パーセントをこえるもの

3　キンクしたもの

4　著しい形くずれ又は腐食があるもの

（作業開始前の点検）

第220条　事業者は、クレーン、移動式クレーン又はデリツクの玉掛用具であるワイヤロープ、つりチエーン、繊維ロープ、繊維ベルト又はフツク、シヤツクル、リング等の金具（以下この条において「ワイヤロープ等」という。）を用いて玉掛けの作業を行なうときは、その日の作業を開始する前に当該ワイヤロープ等の異常の有無について点検を行なわなければならない。

②　事業者は、前項の点検を行なつた場合において、異常を認めたときは、直ちに補修しなければならない。

事例7

定格総荷重を超える荷をつり上げた車両積載型トラッククレーンが転倒し下敷きに

〈業　　　種〉建設業
〈事業場規模〉5～15人
〈起　因　物〉移動式クレーン
〈事 故 の 型〉転倒
〈被 害 者 数〉死亡者1人

発生状況

現場入場初日であった被災者は、朝礼時に現場代理人補助者AよりU字溝のフタ（コンクリート製の板状のもの。365kg×6枚＝2,190kg）を発注者の資材置場へ運ぶように指示されました。

車両積載型トラッククレーンへの積込みは、被災者がドラグショベルを運転し、玉掛け有資格者であるBが玉掛け作業を担当しました。車両積載型トラッククレーンへの積込みが完了した際、Bは6枚のU字溝のフタを、車両積載型トラッククレーンから一度に下ろすのは困難と考え、被災者には「2枚ずつ3回に分けるか、3枚ずつ2回に分けて下ろそう」と伝えたが、現場代理人補助者であるAには詳細を伝えていませんでした。

資材置場へ到着したAと被災者は、発注者より荷下ろし場所の指示を受け、被災者は単独で荷下ろし作業を開始し、Aは、資材現場から別の場所へ移動するため、社用車へ向かって歩き出しましたが、何気なく振り返って車両積載型トラッククレーンを見たところ、クレーンが旋回していて、数秒後、車両積載型トラッククレーンがゆっくりと傾き始めました。Aは慌てて車両積載型トラッククレーンに駆け寄りましたが、車両積載型トラッククレーンはそのまま転倒し、被災者は現場に置いてあった別のコンクリート製のフタと車両積載型トラッククレーンの間に挟まれ、死亡しました。

原　因

この災害の原因としては、次のようなことが考えられます。

❶ 車両積載型トラッククレーンの空車時定格総荷重（最大でも約1.2t）を超える荷（U字溝のフタ。重量2.19t）をつり上げ、旋回したこと。

❷ 車両積載型トラッククレーンの使用にあたり、場所の広さ、地形および地質の状態、運搬する荷の重量、使用する移動式クレーンの種類および能力等を考慮したうえで、作業方法等を検討していなかったこと。

❸ 複数の玉掛用具を使用して荷をつり上げたことにより、荷ぶれが生じ、偏荷重が生じた可能性があること。

❹ 玉掛け有資格者のBは、車両積載型トラッククレーンで荷下ろし作業を行うには「一度では無理」と考え、被災者には「2～3回に分けて下ろすように」と伝えていたが、Aには伝えられておらず、本来ならば、現場管理の総括者として、荷下ろし作業の手順について確認すべき立場にあったAは、過荷重であることを十分に認識していなかったこと。

❺ 玉掛け技能講習を修了していない無資格者が、玉掛け作業を行ったこと。

対　策

類似災害の防止のためには、次のような対策の徹底が必要です。

❶ 車両積載型トラッククレーンでの荷の積み下ろし作業を開始する前に、あらかじめ当該作業にかかる場所の広さ、地形および地質の状態、運搬しようとする荷の重量、使用する移動式クレーンの種類および能力等を考慮して、作業に適した計画を定め、作業計画に基づいた作業を行うこと。

❷ 玉掛け業務にあたっては、複数の玉掛用具の組合せはせず、荷の形状等に応じた適切な玉掛用具を選定し、使用すること。

❸ 報告・連絡・相談を徹底し、現場で生じた疑義については、各人の判断で解決しようとせず、現場責任者に問い合わせ、指示を仰ぐこと。

❹ 有資格者が現場で不足しないよう、計画的な資格取得者の確保に努めること。また、車両積載型トラッククレーンを運転する労働者には、移動式クレーンと玉掛けの資格を有する者を充て、無資格者を就業制限業務に従事させないこと。

（出典：厚生労働省「職場のあんぜんサイト」）

関係法令

労働安全衛生法

（安全衛生教育）

第59条　事業者は、労働者を雇い入れたときは、当該労働者に対し、厚生労働省令で定めるところにより、その従事する業務に関する安全又は衛生のための教育を行なわなければならない。

②　前項の規定は、労働者の作業内容を変更したときについて準用する。

③　事業者は、危険又は有害な業務で、厚生労働省令で定めるものに労働者をつかせるときは、厚生労働省令で定めるところにより、当該業務に関する安全又は衛生のための特別の教育を行なわなければならない。

（就業制限）

第61条　事業者は、クレーンの運転その他の業務で、政令で定めるものについては、都道府県労働局長の当該業務に係る免許を受けた者又は都道府県労働局長の登録を受けた者が行う当該業務に係る技能講習を修了した者その他厚生労働省令で定める資格を有する者でなければ、当該業務に就かせてはならない。

②　前項の規定により当該業務につくことができる者以外の者は、当該業務を行なつてはならない。

③　第1項の規定により当該業務につくことができる者は、当該業務に従事するときは、これに係る免許証その他その資格を証する書面を携帯していなければならない。

④　職業能力開発促進法（昭和44年法律第64号）第24条第1項（同法第27条の2第2項において準用する場合を含む。）の認定に係る職業訓練を受ける労働者について必要がある場合においては、その必要の限度で、前三項の規定について、厚生労働省令で別段の定めをすることができる。

労働安全衛生規則

（特別教育を必要とする業務）

第36条　法第59条第3項の厚生労働省令で定める危険又は有害な業務は、次のとおりとする。

1～15　略

16　つり上げ荷重が1トン未満の移動式クレーンの運転（道路上を走行させる運転を除く。）の業務

17～18　略

19　つり上げ荷重が1トン未満のクレーン、移動式クレーン又はデリツクの玉掛けの業務

20～41　略

クレーン等安全規則

（作業の方法等の決定等）

第66条の2　事業者は、移動式クレーンを用いて作業を行うときは、移動式クレーンの転倒等による労働者の危険を防止するため、あらかじめ、当該作業に係る場所の広さ、地形及び地質の状態、運搬しようとする荷の重量、使用する移動式クレーンの種類及び能力等を考慮して、次の事項を定めなければならない。

1　移動式クレーンによる作業の方法

2　移動式クレーンの転倒を防止するための方法

3　移動式クレーンによる作業に係る労働者の配置及び指揮の系統

②　事業者は、前項各号の事項を定めたときは、当該事項について、作業の開始前に、関係労働者に周知させなければならない。

（過負荷の制限）

第69条　事業者は、移動式クレーンにその定格荷重をこえる荷重をかけて使用してはならない。

付　録

参考資料

玉掛け技能講習規程（抄）

昭和47年9月30日労働省告示第119号
最終改正：平成18年2月16日厚生労働省告示第38号

（講師）

第1条　玉掛け技能講習（以下「技能講習」という。）の講師は、労働安全衛生法（昭和47年法律第57号）別表第20第22号の表の講習科目の欄に掲げる講習科目に応じ、それぞれ同表の条件の欄に掲げる条件のいずれかに適合する知識経験を有する者とする。

法別表第20（第77条関係）

22　玉掛け技能講習

講習科目		条件
学科講習	クレーン、移動式クレーン、デリック及び揚貨装置（以下「クレーン等」という。）に関する知識	1　大学等において機械工学に関する学科を修めて卒業した者であること。 2　高等学校等において機械工学に関する学科を修めて卒業した者で、その後5年以上クレーン等の設計、製作又は検査の業務に従事した経験を有するものであること。 3　前二号に掲げる者と同等以上の知識経験を有する者であること。
	クレーン等の玉掛けに必要な力学に関する知識	1　大学等において力学に関する学科を修めて卒業した者であること。 2　高等学校等において力学に関する学科を修めて卒業した者で、その後3年以上クレーン等の玉掛け作業に従事した経験を有するものであること。 3　前二号に掲げる者と同等以上の知識経験を有する者であること。
	クレーン等の玉掛けの方法	1　大学等において力学に関する学科を修めて卒業した者で、その後2年以上クレーン等の玉掛け作業に従事した経験を有するものであること。 2　高等学校等において力学に関する学科を修めて卒業した者で、その後5年以上クレーン等の玉掛け作業に従事した経験を有するものであること。 3　玉掛け技能講習を修了した者で、10年以上クレーン等の玉掛け作業に従事した経験を有するものであること。 4　前三号に掲げる者と同等以上の知識経験を有する者であること。
	関係法令	1　大学等を卒業した者で、その後1年以上安全の実務に従事した経験を有するものであること。 2　前号に掲げる者と同等以上の知識経験を有する者であること。
実技講習	クレーン等の玉掛け クレーン等の運転のための合図	1　大学等において力学に関する学科を修めて卒業した者で、その後2年以上クレーン等の玉掛け作業に従事した経験を有するものであること。 2　高等学校等において力学に関する学科を修めて卒業した者で、その後5年以上クレーン等の玉掛け作業に従事した経験を有するものであること。 3　玉掛け技能講習を修了した者で、10年以上クレーン等の玉掛け作業に従事した経験を有するものであること。 4　前三号に掲げる者と同等以上の知識経験を有する者であること。

（講習科目の範囲及び時間）

第2条　技能講習のうち学科講習は、次の表の上欄（編注・左欄）に掲げる講習科目に応じ、それぞれ、同表の中欄に掲げる範囲について下欄（編注・右欄）に掲げる講習時間により、教本等必要な教材を用いて行うものとする。

講習科目	範囲	講習時間
クレーン、移動式クレーン、デリック及び揚貨装置（以下「クレーン等」という。）に関する知識	種類及び型式　構造及び機能　安全装置及びブレーキ	1時間
クレーン等の玉掛けに必要な力学に関する知識	力（合成、分解、つり合い及びモーメント）　重心及び物の安定　摩擦　質量　速度及び加速度　荷重　応力　玉掛用具の強さ	3時間
クレーン等の玉掛けの方法	玉掛けの一般的な作業方法　玉掛用具の選定及び使用の方法　基本動作（安全作業方法を含む。）　合図の方法	7時間
関係法令	労働安全衛生法、労働安全衛生法施行令（昭和47年政令第318号。以下「令」という。）、労働安全衛生規則（昭和47年労働省令第32号。以下「安衛則」という。）及びクレーン等安全規則中の関係条項	1時間

② 技能講習のうち実技講習は、次の表の上欄（編注・左欄）に掲げる講習科目に応じ、それぞれ、同表の中欄に掲げる範囲について下欄（編注・右欄）に掲げる講習時間により行うものとする。

講習科目	範囲	講習時間
クレーン等の玉掛け	質量目測　玉掛用具の選定及び使用　定められた方法による0.5トン以上の質量を有する荷についての玉掛けの基本作業及び応用作業	6時間
クレーン等の運転のための合図	手、小旗等を用いて行う合図	1時間

③ 第1項の学科講習は、おおむね100人以内の受講者を、前項の実技講習は、10人以内の受講者を、それぞれ1単位として行うものとする。

（講習科目の受講の一部免除）

第3条 次の表の上欄（編注・左欄）に掲げる者は、それぞれ同表の下欄（編注・右欄）に掲げる講習科目について当該科目の受講の免除を受けることができる。

受講の免除を受けることができる者	講習科目
1　クレーン・デリック運転士免許、移動式クレーン運転士免許又は揚貨装置運転士免許を受けた者 2　床上操作式クレーン運転技能講習又は小型移動式クレーン運転技能講習を修了した者 3　労働安全衛生規則等の一部を改正する省令（平成18年厚生労働省令第1号）第6条の規定による改正前のクレーン等安全規則第223条に規定するクレーン運転士免許又は同令第235条に規定するデリック運転士免許を受けた者	クレーン等の玉掛けに必要な力学に関する知識 クレーン等の運転のための合図
1　令第20条第6号若しくは第7号の業務又は安衛則第36条第6号若しくは第15号から第17号までの業務に、6月以上従事した経験を有する者 2　鉱山保安法（昭和24年法律第70号）第2条第2項及び第4項の規定による鉱山（以下「鉱山」という。）においてクレーン（令第20条第6号のクレーンに限る。）の運転の業務に1月以上従事した経験を有する者 3　鉱山においてつり上げ荷重が5トン以上の移動式クレーンの運転の業務に1月以上従事した経験を有する者	クレーン等の運転のための合図

（玉掛けの補助作業の業務等に6月以上従事した経験を有する者に関する特例）

第4条　クレーン、移動式クレーン、デリック若しくは揚貨装置でつり上げ荷重若しくは制限荷重が1トン以上のものの玉掛けの補助作業の業務又は制限荷重が1トン未満の揚貨装置の玉掛けの業務に6月以上従事した経験を有する者に対する技能講習は、前二条の規定にかかわらず、次の表の上欄（編注・左欄）に掲げる講習科目について行うものとし、当該講習科目の範囲及び時間は、それぞれ同表の中欄及び下欄（編注・右欄）に掲げるとおりとする。

講習科目	範囲	講習時間
クレーン等に関する知識	種類及び型式　構造及び機能　安全装置及びブレーキ	1時間
クレーン等の玉掛けに必要な力学に関する知識	力（合成、分解、つり合い及びモーメント）　重心及び物の安定　摩擦　質量　速度及び加速度　荷重　応力　玉掛用具の強さ	3時間
クレーン等の玉掛けの方法	玉掛用具の選定及び使用の方法　基本動作（安全作業方法を含む。）　合図の方法	6時間
関係法令	労働安全衛生法、令、安衛則及びクレーン等安全規則中の関係条項	1時間
クレーン等の玉掛け	質量目測　玉掛用具の選定及び使用　定められた方法による0.5トン以上の質量を有する荷についての玉掛けの応用作業	4時間
クレーン等の運転のための合図	手、小旗等を用いて行う合図	1時間

②　つり上げ荷重が1トン未満のクレーン、移動式クレーン又はデリックの玉掛けの業務に6月以上従事した経験を有する者に対する技能講習は、前二条の規定にかかわらず、前項の表の上欄（編注・左欄）に掲げる講習科目（クレーン等の運転のための合図を除く。）について行うものとし、当該講習科目の範囲及び時間は、それぞれ同表の中欄及び下欄（編注・右欄）に掲げるとおりとする。

（修了試験）

第5条　技能講習においては、修了試験を行うものとする。

②　修了試験は、学科試験及び実技試験とする。

③　学科試験は、技能講習のうち学科講習の科目について、筆記試験又は口述試験によつて行う。

④　実技試験は、技能講習のうち実技講習の科目について行う。

⑤　前三項に定めるもののほか、修了試験の実施について必要な事項は、厚生労働省労働基準局長の定めるところによる。

クレーン取扱い業務等特別教育規程（抄）

昭和47年9月30日労働省告示第118号
最終改正：昭和53年9月29日労働省告示第107号

（玉掛けの業務に係る特別の教育）

第5条　クレーン則第222条第1項の規定による特別の教育は、学科教育及び実技教育により行なうものとする。

②　前項の学科教育は、次の表の上欄（編注・左欄）に掲げる科目に応じ、それぞれ、同表の中欄に掲げる範囲について同表の下欄（編注・右欄）に掲げる時間以上行なうものとする。

科目	範囲	時間
クレーン、移動式クレーン及びデリック（以下「クレーン等」という。）に関する知識	種類及び型式　構造及び機能　安全装置及びブレーキ	1時間
クレーン等の玉掛けに必要な力学に関する知識	力（合成、分解、つり合い及びモーメント）　簡単な図形の重心及び物の安定　摩擦　重量　荷重	1時間
クレーン等の玉掛けの方法	玉掛用具の選定及び使用の方法　基本動作（安全作業方法を含む。）　合図の方法	2時間
関係法令	法、令、安衛則及びクレーン則中の関係条項	1時間

③　第1項の実技教育は、次の表の上欄（編注・左欄）に掲げる科目に応じ、それぞれ、同表の中欄に掲げる範囲について同表の下欄（編注・右欄）に掲げる時間以上行なうものとする。

科目	範囲	時間
クレーン等の玉掛け	材質又は形状の異なる二以上の物の重量目測　玉掛用具の選定及び玉掛けの方法	3時間
クレーン等の運転のための合図	手、小旗等を用いて行なう合図の方法	1時間

玉掛け作業の安全に係るガイドライン

平成12年2月24日基発第96号

第1　目的

本ガイドラインは、労働安全衛生関係法令と相まって、クレーン、移動式クレーン、デリック又は揚貨装置（以下「クレーン等」という。）の玉掛け作業等について安全対策を講じることにより、玉掛け作業等における労働災害を防止することを目的とする。

第2　事業者等の責務

玉掛け作業を行う事業者は、本ガイドラインに基づき適切な措置を講じることにより、玉掛け作業等における労働災害の防止に努めるものとする。

玉掛け作業に従事する労働者は、事業者が本ガイドラインに基づいて行う措置に協力するとともに、自らも本ガイドラインに基づく安全作業を実施することにより、玉掛け作業等における労働災害の防止に努めるものとする。

第3　事業者が講ずべき措置

1　作業標準等の作成

事業者は、玉掛け作業を含む荷の運搬作業（以下「玉掛け等作業」という。）の種類・内容に応じて、従事する労働者の編成、クレーン等の運転者、玉掛け者、合図者等の作業分担、使用するクレーン等の種類及び能力、使用する玉掛用具並びに玉掛けの合図について、玉掛け等作業の安全の確保に十分配慮した作業標準を定め、関係労働者に周知すること。また、作業標準が定められていない玉掛け等作業を行う場合は、当該作業を行う前に、作業標準に盛り込むべき事項について明らかにした作業の計画を作成し、作業に従事する労働者に周知すること。

2　玉掛け等作業に係る作業配置の決定

事業者は、あらかじめ定めた作業標準又は作業の計画に基づき、運搬する荷の質量、形状等を勘案して、玉掛け等作業を行うクレーン等の運転者、玉掛け者、合図者、玉掛け補助者等の配置を決定するとともに、玉掛け等作業に従事する労働者の中から当該玉掛け等作業に係る責任者（以下「玉掛け作業責任者」という。）を指名すること。また、指名した玉掛け作業責任者に対し、荷の種類、質量、形状及び数量、運搬経路等の作業に関連する情報を通知すること。

3　作業前打合せの実施

事業者は、玉掛け等作業を行うに当たっては、玉掛け作業責任者に、関係労働者を集めて作業開始前の打合せを行わせるとともに、以下に掲げる事項について、玉掛け等作業に従事する労働者全員に指示、周知させること。

(1)　作業の概要

イ　玉掛け者が実施する事項

玉掛けを行うつり荷の種類、質量、形状及び数量を周知させること。

ロ　運搬経路を含む作業範囲に関する事項

運搬経路を含む作業範囲、当該作業範囲における建物、仮設物等の状況及び当該作業範囲内で他の作業が行われている場合は、その作業の状況を周知させること。

ハ　労働者の位置に関する事項

玉掛け者、合図者及び玉掛け補助者

の作業位置、運搬時の退避位置及びつり荷の振れ止めの作業がある場合は、当該作業に係る担当者の位置を周知させること。

(2) 作業の手順

イ 玉掛けの方法に関する事項

玉掛け者に対し、使用する玉掛用具の種類、個数及び玉掛けの方法を指示すること。

また、複数の労働者で玉掛けを行う場合は、主担当者を定めること。

ロ 使用するクレーン等に関する事項

使用するクレーン等の仕様（定格荷重、作業半径）について玉掛け作業に従事する労働者全員に周知するとともに、移動式クレーンを使用する場合は、当該移動式クレーンの運転者に対し、据付位置、据付方向及び転倒防止措置について確認させること。

ハ 合図に関する事項

使用する合図について具体的に指示するとともに、関係労働者に合図の確認を行わせること。

ニ 他の作業との調整に関する事項

運搬経路において他の作業が行われている場合には、当該作業を行っている労働者に退避を指示する者を指名するとともに、当該指示者に対し退避の時期及び退避場所を指示すること。

ホ 緊急時の対応に関する事項

不安全な状況が把握された場合は、作業を中断することを全員で確認させるとともに、危険を感じた場合にクレーン等の運転者に作業の中断を伝達する方法について指示すること。

4 玉掛け等作業の実施

事業者は、玉掛け等作業の作業中においては、各担当者に以下に掲げる事項を実施させること。

(1) 玉掛け作業責任者が実施する事項

イ つり荷の質量、形状及び数量が事業者から指示されたものであるかを確認するとともに、使用する玉掛用具の種類及び数量が適切であることを確認し、必要な場合は、玉掛用具の変更、交換等を行うこと。

ロ クレーン等の据付状況及び運搬経路を含む作業範囲内の状況を確認し、必要な場合は、障害物を除去する等の措置を講じること。

ハ 玉掛けの方法が適切であることを確認し、不適切な場合は、玉掛け者に改善を指示すること。

ニ つり荷の落下のおそれ等不安全な状況を認知した場合は、直ちにクレーン等の運転者に指示し、作業を中断し、つり荷を着地させる等の措置を講じること。

(2) 玉掛け者が実施する事項

イ 玉掛け作業に使用する玉掛用具を準備するとともに、当該玉掛用具について点検を行い、損傷等が認められた場合は、適正なものと交換すること。

ロ つり荷の質量及び形状が指示されたものであるかを確認するとともに、用意された玉掛用具で安全に作業が行えることを確認し、必要な場合は、玉掛け作業責任者に玉掛けの方法の変更又は玉掛用具の交換を要請すること。

ハ 玉掛けに当たっては、つり荷の重心を見極め、打合せで指示された方法で玉掛けを行い、安全な位置に退避した上で、合図者に合図を行うこと。また、地切り時につり荷の状況を確認し、必要な場合は、再度着地させて玉掛けをやり直す等の措置を講じること。

ニ　荷受けを行う際には、つり荷の着地場所の状況を確認し、打合せで指示されたまくら、歯止め等を配置する等荷が安定するための措置を講じること。また、玉掛用具の取り外しは、着地したつり荷の安定を確認した上で行うこと。

(3)　合図者が実施する事項

イ　クレーン等運転者及び玉掛け者を視認できる場所に位置し、玉掛け者からの合図を受けた際は、関係労働者の退避状況を確認するとともに、運搬経路に第三者の立入等がないことを確認した上で、クレーン等運転者に合図を行うこと。

ロ　常につり荷を監視し、つり荷の下に労働者が立ち入っていないこと等運搬経路の状況を確認しながら、つり荷を誘導すること。

ハ　つり荷が不安定になった場合は、直ちにクレーン等運転者に合図を行い、作業を中断する等の措置を講じること。

ニ　つり荷を着地させるときは、つり荷の着地場所の状況及び玉掛け者の待機位置を確認した上で行うこと。

(4)　クレーン等運転者が実施する事項

イ　作業開始前に使用するクレーン等に係る点検を行うこと。移動式クレーンを使用する場合は、据付地盤の状況を確認し、必要な場合は、地盤の補強等の措置を要請し、必要な措置を講じた上で、打合せ時の指示に基づいて移動式クレーンを据え付けること。

ロ　運搬経路を含む作業範囲の状況を確認し、必要な場合は、玉掛け作業責任者に障害物の除去等の措置を要請すること。

ハ　つり荷の下に労働者が立入った場合は、直ちにクレーン操作を中断するとともに、当該労働者に退避を指示すること。

ニ　つり荷の運搬中に定格荷重を超えるおそれが生じた場合は、直ちにクレーン操作を中断するとともに、玉掛け作業責任者にその旨連絡し、必要な措置を講じること。

5　玉掛けの方法の選定

事業者は、玉掛け作業の実施に際しては、玉掛けの方法に応じて以下の事項に配慮して作業を行わせること。

(1)　共通事項

イ　玉掛用具の選定に当たっては、必要な安全係数を確保するか又は定められた使用荷重等の範囲内で使用すること。

ロ　つり角度（**図1**のα）は、原則として90度以内であること。

ハ　アイボルト形のシャックルを目通しつりの通し部に使用する場合は、ワイヤロープのアイにシャックルのアイボルトを通すこと。

ニ　クレーン等のフックの上面及び側面においてワイヤロープが重ならないようにすること。

ホ　クレーン等の作動中は直接つり荷及び玉掛用具に触れないこと。

ヘ　ワイヤロープ等の玉掛用具を取り外す際には、クレーン等のフックの巻き上げによって引き抜かないこと。

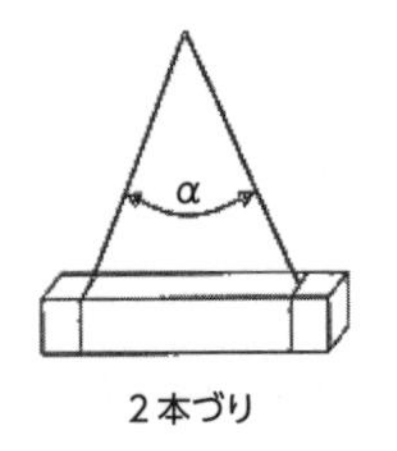

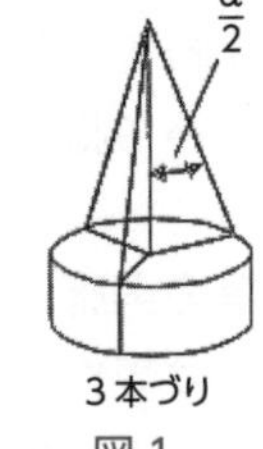

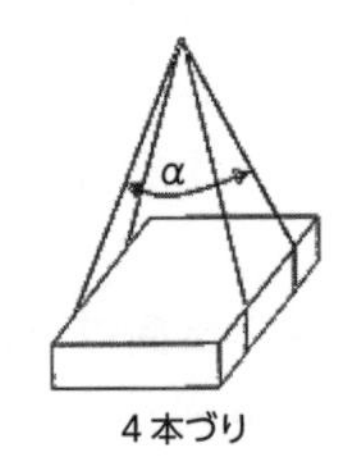

図1

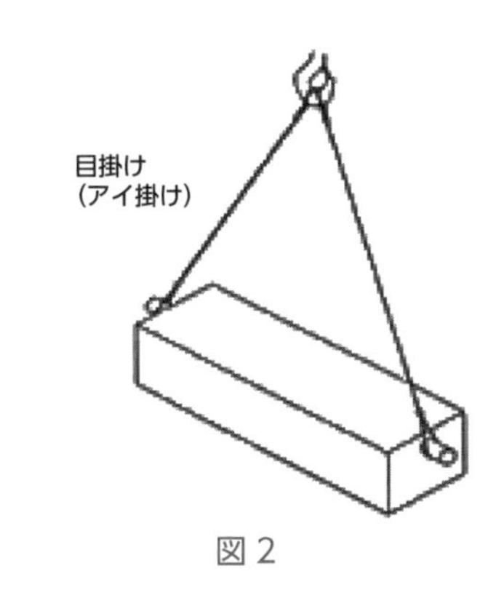

図2

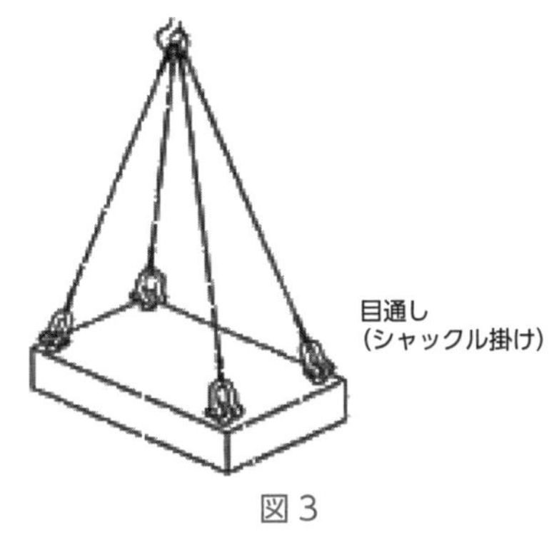

図3

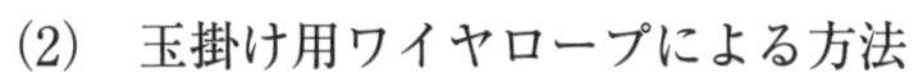

⑵　玉掛け用ワイヤロープによる方法

標準的な玉掛けの方法は次のとおりであり、それぞれ以下の事項に留意して玉掛け作業を行うこと。

イ　2本2点つり、4本4点つり（**図2**及び**図3**）

㈠　2本つりの場合は、荷が回転しないようにつり金具が荷の重心位置より上部に取り付けられていることを確認すること。

㈡　フック部でアイの重なりがないようにし、クレーンのフックの方向に合ったアイの掛け順によって掛けること。

ロ　2本4点あだ巻きつり（**図4**）、2本2点あだ巻き目通しつり（**図5**）

㈠　あだ巻き部で玉掛け用ワイヤロープが重ならないようにすること。

㈡　目通し部を深しぼりする場合は、

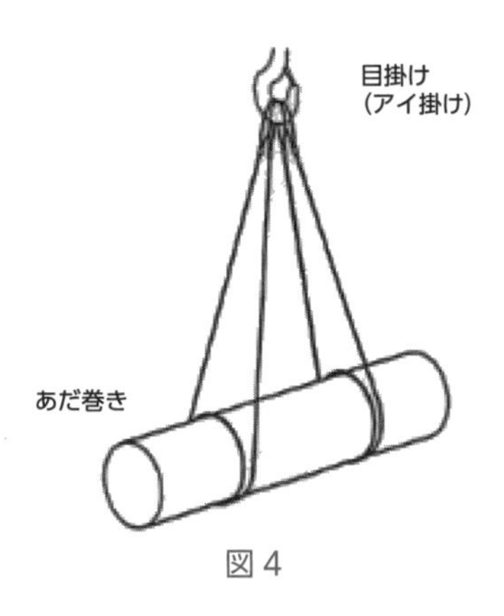

図4

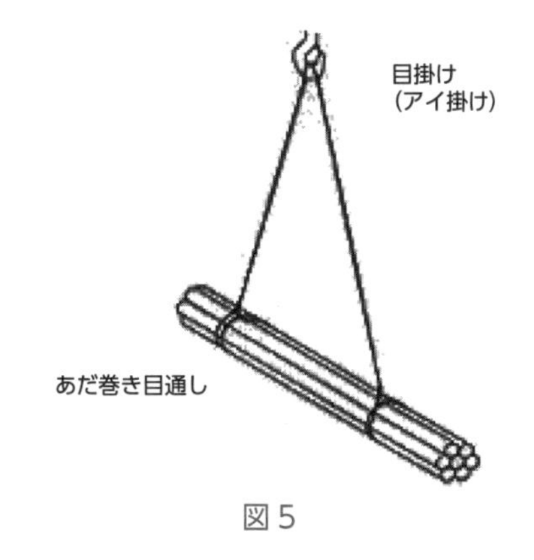

図5

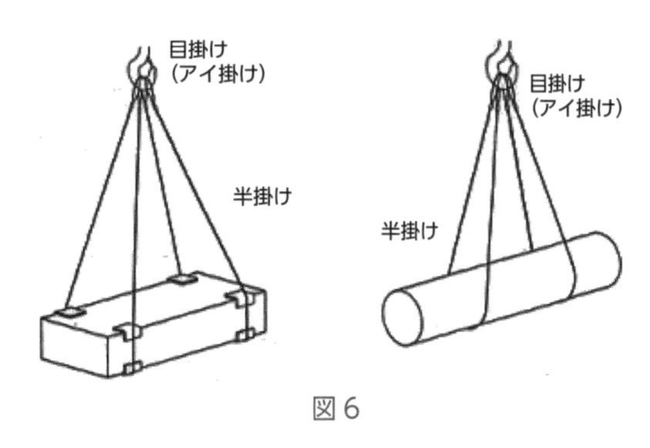

図6

玉掛け用ワイヤロープに通常の2倍から3倍の張力が作用するものとして、その張力に見合った玉掛用具を選定すること。

ハ　2本4点半掛けつり（**図6**）

つり荷の安定が悪い（運搬時の荷の揺れ等により玉掛け用ワイヤロープの掛け位置が移動することがある）た

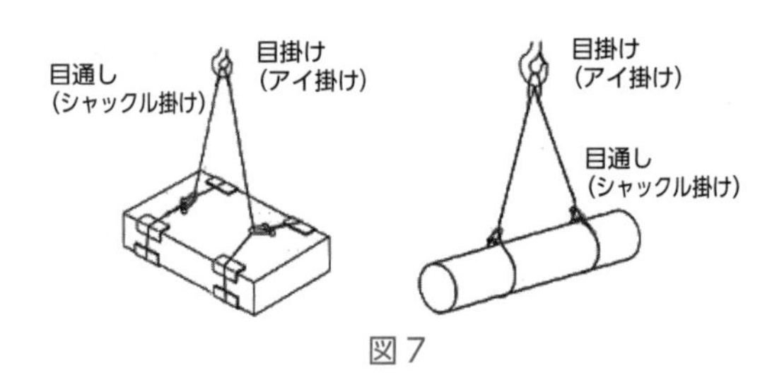

図7

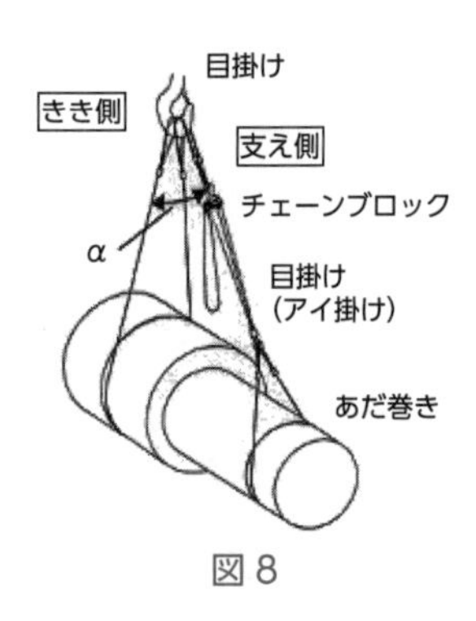

図8

め、つり角度は原則として60度以内とするとともに、当て物等により玉掛け用ワイヤロープがずれないような措置を講じること。

ニ　2本2点目通しつり（**図7**）

(イ)　アイボルト形のシャックルを使用する場合は、上記 (1) 共通事項のハによること。

(ロ)　アイの圧縮止め金具に偏荷重が作用しないようなつり荷に使用すること。

ホ　3点調整つり（**図8**）

(イ)　調整器（図中のチェーンブロック）は支え側に使用すること。

(ロ)　調整器の上、下フックには、玉掛け用ワイヤロープのアイを掛けること。

(ハ)　調整器の操作は荷重を掛けない状態で行うこと。

(ニ)　支え側の荷掛けがあだ巻き、目通し及び半掛けの場合は、玉掛け用ワイヤロープが横滑りしない角度（つり角度（**図8**の α）が60度程度以内）で行うこと。

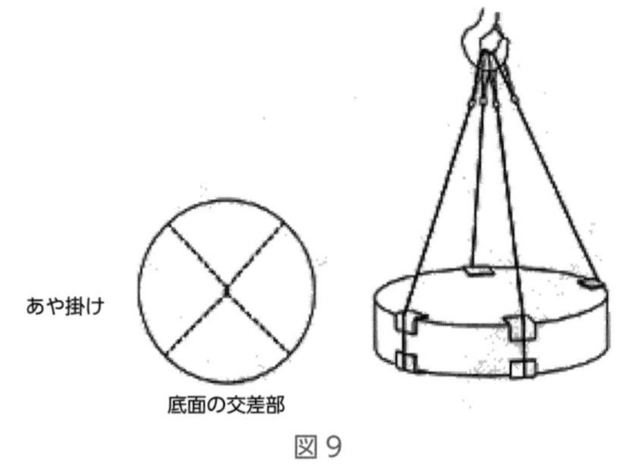

図9

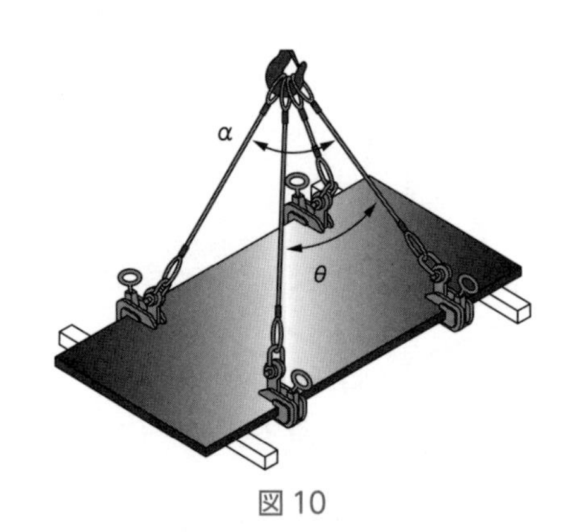

図10

ヘ　あや掛けつり（**図9**）

(イ)　荷の底面の中央で玉掛け用ワイヤロープを交差させること。

(ロ)　玉掛け用ワイヤロープの交差部に通常の2倍程度の張力が作用することとして玉掛用具を選定すること。

(3)　クランプ、ハッカーを用いた方法

イ　製造者が定めている使用荷重及び使用範囲を厳守すること。

ロ　汎用クランプを使用する場合は、つり荷の形状に適したものを少なくとも2個以上使用すること。

ハ　つり角度（**図10**の α）は60度以内とするようにすること。

ニ　横つりクランプを使用する場合は、掛け巾角度（**図10**の θ）は30度以内とするようにすること。

ホ　荷掛け時のクランプの圧縮力により、破損又は変形するおそれのあるつり荷には使用しないこと。

ヘ　つり荷の表面の付着物（油、塗料等）がある場合は、よく取り除いておくこと。

ト　溶接又は改造されたハッカーは使用しないこと。

6　日常の保守点検の実施

事業者は、玉掛け用ワイヤロープ等の玉掛用具について、以下に従って点検及び補修等を行うこと。

(1)　玉掛用具に係る定期的な点検の時期及び担当者を定めること。

(2)　点検については別紙の点検方法及び判定基準により実施するとともに、点検結果に応じ必要な措置を講じること。

(3)　点検の結果により補修が必要な場合は、加熱、溶接又は局所高加圧による補修は行わないこと。

(4)　玉掛用具の保管については、腐食、損傷等を防止する措置を講じた適切な方法で行うこと。

玉掛用具の選定等例題集

例題１　「使用荷重表」による方法

問　題

質量2tの荷を、ワイヤロープを用いて2本2点つり、つり角度50度でつるとき、用いることのできる最小のワイヤロープの太さ（公称径）はいくらか。ワイヤロープは6×24 A種を使用します。

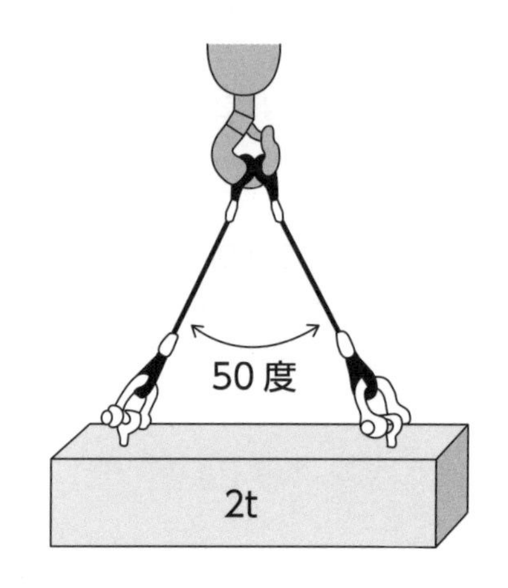

解き方の例

① 6×24 A種のワイヤロープの、2本2点つりの使用荷重表（p.70、表3-7）を用意します。

② つり角度50度に該当する「$30 < \alpha \leqq 60$」（30度を超え60度以下）の列を見て、2t以上の数字を探します。

③ 2t以上でもっとも小さい数字を探し、その行の一番左側にある「ワイヤロープの公称径」を見ます。ここでは2t以上でもっとも小さい数字「2.04」（2.04t）ですので、この「2.04」の行の一番左側にある「ワイヤロープの公称径」の列を見ます。

④ ここに書いてある「12」（12mm）はワイヤロープの太さ（公称径）です。よって、用いることのできる最小のワイヤロープの太さは12mmとなります。

問　題

質量 2t の荷を、ワイヤロープを用いて 2 本 2 点つり、つり角度 50 度でつるとき、用いることのできる最小のワイヤロープの太さ（公称径）はいくらか。ワイヤロープは6 × 24 A 種を使用します。

50 度

2t

1 問題で指定された種類のワイヤロープの使用荷重表を用意して、

2 つり角度 50 度が含まれる「30 < α ≦ 60」の列の中から、

3 質量 2 t 以上で最も小さい数字を探して、その数字の行の、

4 左端の「ワイヤロープの公称径」の列の数字 12 mmが、求めるワイヤロープの太さです。

6 × 24 A 種の使用荷重（t）　2 本 2 点つり

ワイヤロープの公称径 (mm)	基本使用荷重 (t)	つり角度α（モード係数）			
		0 (2.0)	0 < α ≦ 30 (1.9)	30 < α ≦ 60 (1.7)	60 < α ≦ 90 (1.4)
6	0.3	0.6	0.57	0.51	0.42
8	0.53	1.07	1.02	0.91	0.75
9	0.67	1.35	1.28	1.15	0.94
10	0.83	1.67	1.59	1.42	1.17
12	1.2	2.4	2.28	2.04	1.68
14	1.64	3.28	3.11	2.78	2.29
16	2.14	4.28	4.06	3.63	2.99
18	2.71	5.42	5.14	4.6	3.79
20	3.34	6.68	6.34	5.67	4.67
22	4.06	8.12	7.71	6.9	5.68
24	4.82	9.64	9.15	8.19	6.74
26	5.65	11.3	10.7	9.6	7.91
28	6.57	13.1	12.4	11.1	9.19
30	7.53	15	14.3	12.8	10.5
32	8.58	17.1	16.3	14.5	12
36	10.8	21.6	20.5	18.3	15.1
40	13.4	26.8	25.4	22.7	18.7

問　題

質量4.5tの荷を、ワイヤロープを用いて3本3点つり、つり角度50度でつるとき、用いることのできる最小のワイヤロープの太さ（公称径）はいくらか。ワイヤロープは6×24 A種を使用します。

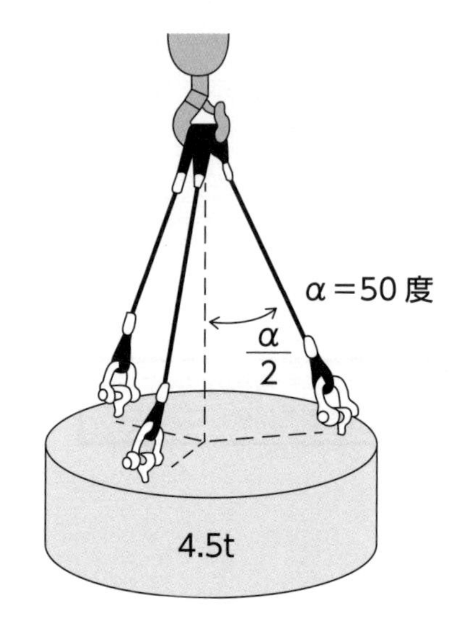

解き方の例

① 6×24 A種のワイヤロープの、2本2点つりの使用荷重表（p.70、表3-7）を用意します。3本3点つりの使用荷重は、2本2点つり使用荷重の1.5倍になるので、この表を使うためには、荷の質量を1.5で割った数字を用います。

② つり角度50度に該当する「30＜a≦60」（30度を超え60度以下）の列を見て、4.5÷1.5＝3なので3t以上の数字を探します。

③ 3t以上でもっとも小さい数字を探し、その行の一番左側にある「ワイヤロープの公称径」を見ます。ここでは3t以上でもっとも小さい数字「3.63」（3.63t）ですので、この「3.63」の行の一番左側にある「ワイヤロープの公称径」の列を見ます。

④ ここに書いてある「16」（16mm）はワイヤロープの太さ（公称径）です。よって、用いることのできる最小のワイヤロープの太さは16mmとなります。

問　題

質量4.5tの荷を、ワイヤロープを用いて3本3点つり、つり角度50度でつるとき、用いることのできる最小のワイヤロープの太さ（公称径）はいくらか。ワイヤロープは6×24 A種を使用します。

α＝50度

$\frac{\alpha}{2}$

4.5t

1 問題で指定された種類のワイヤロープの使用荷重表を用意して、

2 2本2点つりの使用荷重表を使用できるよう、荷の質量を1.5で割って、

4.5 ÷ 1.5 ＝ 3

3 つり角度50度が含まれる「30＜α≦60」の列の中から、

4 質量3t以上で最も小さい数字を探して、その数字の行の、

6×24 A種の使用荷重（t）　2本2点つり

ワイヤロープの公称径 (mm)	基本使用荷重 (t)	つり角度α（モード係数）			
		0 (2.0)	0＜α≦30 (1.9)	30＜α≦60 (1.7)	60＜α≦90 (1.4)
6	0.3	0.6	0.57	0.51	0.42
8	0.53	1.07	1.02	0.91	0.75
9	0.67	1.35	1.28	1.15	0.94
10	0.83	1.67	1.59	1.42	1.17
12	1.2	2.4	2.28	2.04	1.68
14	1.64	3.28	3.11	2.78	2.29
16	2.14	4.28	4.06	3.63	2.99
18	2.71	5.42	5.14	4.6	3.79
20	3.34	6.68	6.34	5.67	4.67
22	4.06	8.12	7.71	6.9	5.68
24	4.82	9.64	9.15	8.19	6.74
26	5.65	11.3	10.7	9.6	7.91
28	6.57	13.1	12.4	11.1	9.19
30	7.53	15	14.3	12.8	10.5
32	8.58	17.1	16.3	14.5	12
36	10.8	21.6	20.5	18.3	15.1
40	13.4	26.8	25.4	22.7	18.7

5 左端の「ワイヤロープの公称径」の列の数字16 mmが、求めるワイヤロープの太さです。

例題３ 「張力係数」による方法

問　題

質量 4t の荷を、ワイヤロープを用いて２本２点つり、つり角度 60 度でつるとき、用いることのできる最小のワイヤロープの太さ（公称径）はいくらか。ワイヤロープは６×24 A 種を使用します。

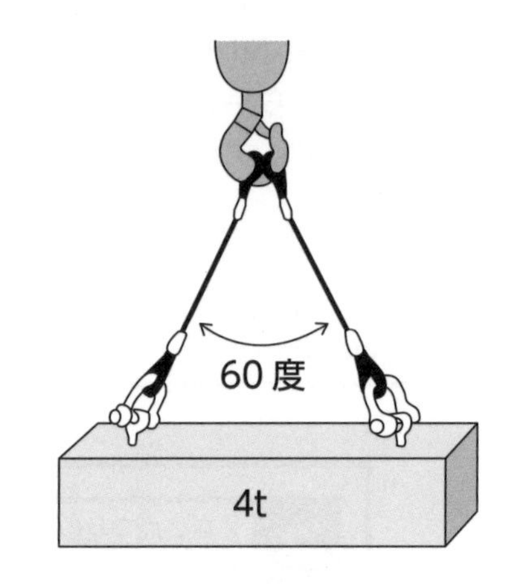

解き方の例

① 張力係数の表（p.67、表 3-3）より、つり角度 60 度の場合の係数を選びます。

② 基本使用荷重の公式

基本使用荷重＝（つり荷の質量÷掛け数）×張力係数

に、それぞれの数値を代入して計算します。

$(4 \div 2) \times 1.16 = 2.32$

となり、１本当たりのワイヤロープに必要な基本使用荷重は 2.32t です。

③ ６×24 A 種のワイヤロープの、２本２点つりの使用荷重表（p.70、表 3-7）の「基本使用荷重」の列から、2.32 以上で最も小さい数字を探し、その行の一番左側にある「ワイヤロープの公称径」を見ます。ここでは 2.32t 以上でもっとも小さい数字は「2.71」(2.71t) ですので、この「2.71」の行の一番左側にある「ワイヤロープの公称径」の列を見ます。

④ ここに書いてある「18」(18mm) はワイヤロープの太さ（公称径）です。よって、用いることのできる最小のワイヤロープの太さは 18mm となります。

問　題

質量4tの荷を、ワイヤロープを用いて2本2点つり、つり角度60度でつるとき、用いることのできる最小のワイヤロープの太さ（公称径）はいくらか。ワイヤロープは6×24 A種を使用します。

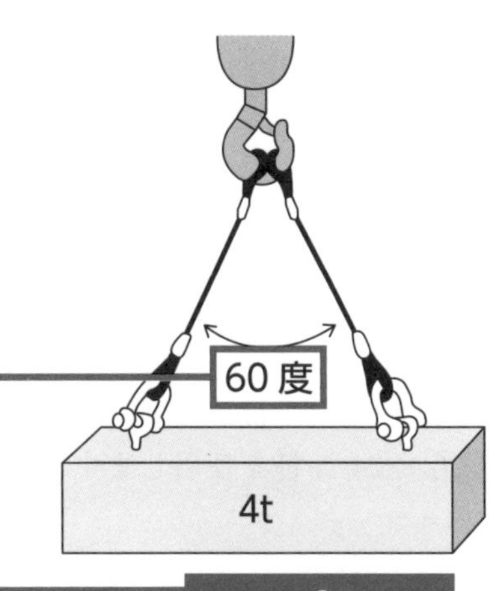

張力係数

つり角度	張力係数	つり角度	張力係数
0	1.00	40	1.07
10	1.005	50	1.10
20	1.02	60	1.16
30	1.04	70	1.22

1 張力係数の表より、つり角度60度の係数1.16を選び、

（つり荷の質量÷掛け数）×張力係数＝基本使用荷重

（4÷2）×1.16＝2.32

2 基本使用荷重の公式に、質量、掛け数、張力係数を代入して計算すると2.32になるので、

3 基本使用荷重の列の中から2.32t以上で最も小さい数字を探して、その数字の行の、

6×24 A種の使用荷重（t）　2本2点つり

ワイヤロープの公称径（mm）	基本使用荷重（t）	つり角度α（モード係数）			
		0 (2.0)	0＜α≦30 (1.9)	30＜α≦60 (1.7)	60＜α≦90 (1.4)
6	0.3	0.6	0.57	0.51	0.42
8	0.53	1.07	1.02	0.91	0.75
9	0.67	1.35	1.28	1.15	0.94
10	0.83	1.67	1.59	1.42	1.17
12	1.2	2.4	2.28	2.04	1.68
14	1.64	3.28	3.11	2.78	2.29
16	2.14	4.28	4.06	3.63	2.99
18	2.71	5.42	5.14	4.6	3.79
20	3.34	6.68	6.34	5.67	4.67
22	4.06	8.12	7.71	6.9	5.68
24	4.82	9.64	9.15	8.19	6.74
26	5.65	11.3	10.7	9.6	7.91
28	6.57	13.1	12.4	11.1	9.19
30	7.53	15	14.3	12.8	10.5
32	8.58	17.1	16.3	14.5	12
[illegible]	[illegible]	[illegible]	[illegible]	18.3	15.1
[illegible]	[illegible]	[illegible]	[illegible]	22.7	18.7

4 左端の「ワイヤロープの公称径」の列の数字18 mmが、求めるワイヤロープの太さです。

例題４　「張力係数」による方法

問　題

質量 4.5t の荷を、ワイヤロープを用いて４本４点つり、つり角度 50 度でつるとき、用いることのできる最小のワイヤロープの太さ（公称径）はいくらか。ワイヤロープは６×24Ａ種を使用します。

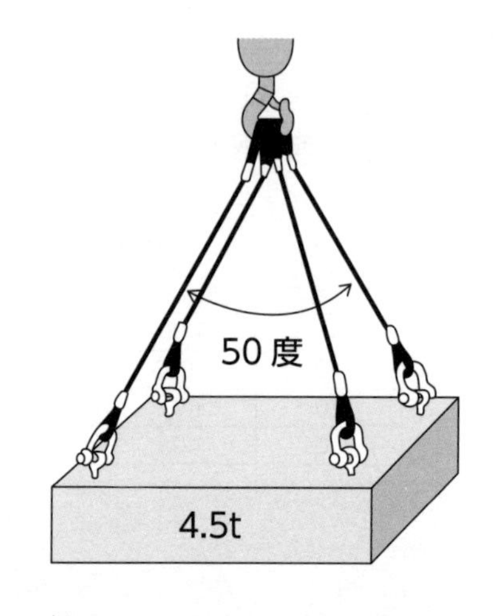

解き方の例

①　張力係数の表（p.67、表 3-3）より、つり角度 50 度の場合の係数を選びます。

②　基本使用荷重の公式

基本使用荷重＝（つり荷の質量÷掛け数）×張力係数

に、それぞれの数値を代入して計算します。４本４点つりの場合は、３本に片利き（１本のワイヤロープには荷重が十分にかからない）しやすいので、通常は３本３点つりとして計算します。そこで掛け数は３とします。

(4.5 ÷ 3) × 1.10 = 1.65

となり、１本当たりのワイヤロープに必要な基本使用荷重は 1.65t です。

③　６×24Ａ種のワイヤロープの使用荷重表（p.70、表 3-7）の「基本使用荷重」の列から、1.65 以上で最も小さい数字を探し、その行の一番左側にある「ワイヤロープの公称径」を見ます。ここでは 1.65t 以上でもっとも小さい数字は「2.14」(2.14t) ですので、この「2.14」の行の一番左側にある「ワイヤロープの公称径」の列を見ます。

④　ここに書いてある「16」(16mm) はワイヤロープの太さ（公称径）です。よって、用いることのできる最小のワイヤロープの太さは 16mm となります。

問　題

質量4.5tの荷を、ワイヤロープを用いて4本4点つり、つり角度50度でつるとき、用いることのできる最小のワイヤロープの太さ（公称径）はいくらか。ワイヤロープは6×24 A種を使用します。

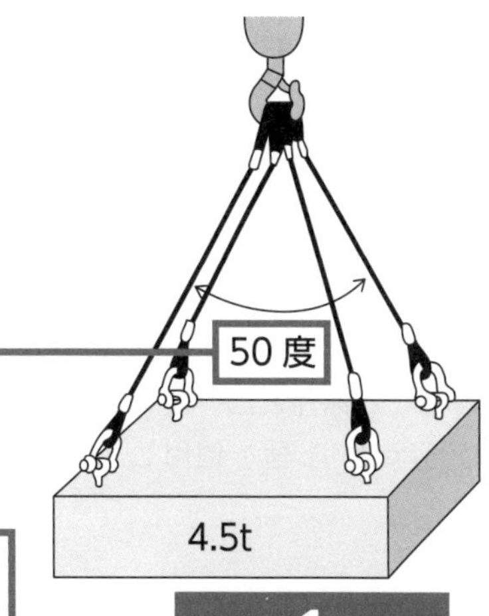

張力係数

つり角度	張力係数	つり角度	張力係数
0	1.00	40	1.07
10	1.005	50	1.10
20	1.02	60	1.16
30	1.04	70	1.22

1 張力係数の表より、つり角度50度の係数1.10を選び、

（つり荷の質量÷掛け数）×張力係数＝基本使用荷重

$$(4.5 \div 3) \times 1.10 = 1.65$$

2 基本使用荷重の公式に、質量、掛け数、張力係数を代入して計算すると1.65になるので、

4本4点つりの場合は、掛け数は4ではなく3を使用します、

3 基本使用荷重の列の中から1.65t以上で最も小さい数字を探して、その数字の行の、

6×24 A種の使用荷重（t）　2本2点つり

ワイヤロープの公称径（mm）	基本使用荷重（t）	つり角度α（モード係数）			
		0 (2.0)	0＜α≦30 (1.9)	30＜α≦60 (1.7)	60＜α≦90 (1.4)
6	0.3	0.6	0.57	0.51	0.42
8	0.53	1.07	1.02	0.91	0.75
9	0.67	1.35	1.28	1.15	0.94
10	0.83	1.67	1.59	1.42	1.17
12	1.2	2.4	2.28	2.04	1.68
14	1.64	3.28	3.11	2.78	2.29
16	2.14	4.28	4.06	3.63	2.99
18	2.71	5.42	5.14	4.6	3.79
20	3.34	6.68	6.34	5.67	4.67
22	4.06	8.12	7.71	6.9	5.68
24	4.82	9.64	9.15	8.19	6.74
26	5.65	11.3	10.7	9.6	7.91
28	6.57	13.1	12.4	11.1	9.19
30	7.53	15	14.3	12.8	10.5
32	8.58	17.1	16.3	14.5	12
36	10.8	21.6	20.5	18.3	15.1
[illegible]	[illegible]	[illegible]	[illegible]	22.7	18.7

4 左端の「ワイヤロープの公称径」の列の数字16 mmが、求めるワイヤロープの太さです。

例題５　「モード係数」による方法

問　題

質量6tの荷を、ワイヤロープを用いて2本2点つり、つり角度50度でつるとき、用いることのできる最小のワイヤロープの太さ（公称径）はいくらか。ワイヤロープは6 × 24 A種を使用します。

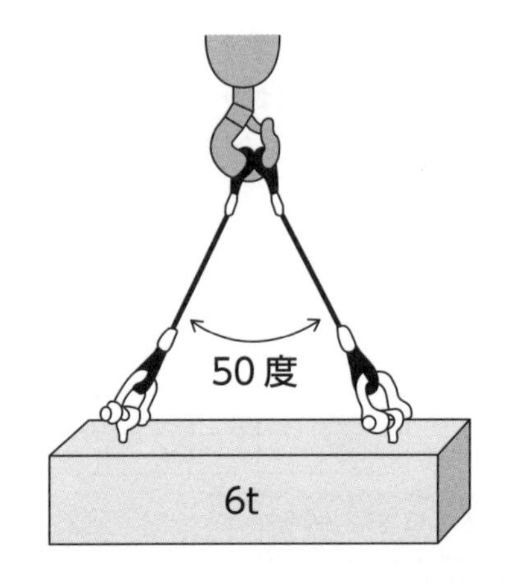

解き方の例

① モード係数の表（p.69、表3-6）より、つり本数2本2点つりの行、つり角度50度を含む「$30 < \alpha \leqq 60$」の列を見て、交差する「1.7」を選びます。

② 基本使用荷重の公式

基本使用荷重＝つり荷の質量÷モード係数

に、それぞれの数値を代入して計算します。

$6 \div 1.7 = 3.529\cdots$

となり、1本当たりのワイヤロープに必要な基本使用荷重は3.53tです。

③ 6 × 24 A種のワイヤロープの使用荷重表（p.70、表3-7）の「基本使用荷重」の列から、3.53以上で最も小さい数字を探し、その行の一番左側にある「ワイヤロープの公称径」を見ます。ここでは3.53t以上でもっとも小さい数字は「4.06」（4.06t）ですので、この「4.06」の行の一番左側にある「ワイヤロープの公称径」の列を見ます。

④ ここに書いてある「22」（22mm）はワイヤロープの太さです。よって、用いることのできる最小のワイヤロープの太さは22mmとなります。

問　題

質量6tの荷を、ワイヤロープを用いて2本2点つり、つり角度50度でつるとき、用いることのできる最小のワイヤロープの太さ（公称径）はいくらか。ワイヤロープは6×24 A種を使用します。

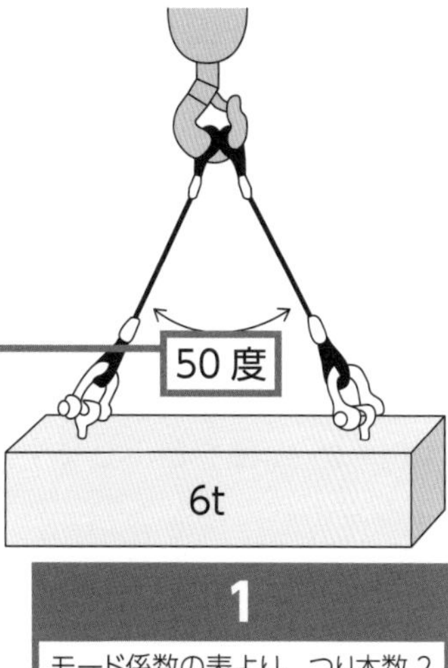

モード係数

つり角度α ＼ つり本数	0	0＜α≦30	30＜α≦60	60＜α≦90
2本2点つり	2.0	1.9	1.7	1.4
3本3点つり	3.0	2.8	2.5	2.1
4本4点つり	3.0 (4.0)	2.8 (3.8)	2.5 (3.4)	2.1 (2.8)
2本4点つり	4.0	3.8	3.4	2.8

1 モード係数の表より、つり本数2本2点つりの行、つり角度50度を含む「30＜α≦60」の列を見て、交差する「1.7」を選び、

つり荷の質量÷モード係数＝基本使用荷重

6 ÷ 1.7 ＝ 3.529…

2 基本使用荷重の公式に、質量とモード係数を代入して計算すると約3.53になるので、

3 基本使用荷重の列の中から3.53t以上で最も小さい数字を探して、その数字の行の、

6×24 A種の使用荷重（t）　2本2点つり

ワイヤロープの公称径(mm)	基本使用荷重(t)	つり角度α（モード係数）			
		0 (2.0)	0＜α≦30 (1.9)	30＜α≦60 (1.7)	60＜α≦90 (1.4)
6	0.3	0.6	0.57	0.51	0.42
8	0.53	1.07	1.02	0.91	0.75
9	0.67	1.35	1.28	1.15	0.94
10	0.83	1.67	1.59	1.42	1.17
12	1.2	2.4	2.28	2.04	1.68
14	1.64	3.28	3.11	2.78	2.29
16	2.14	4.28	4.06	3.63	2.99
18	2.71	5.42	5.14	4.6	3.79
20	3.34	6.68	6.34	5.67	4.67
22	4.06	8.12	7.71	6.9	5.68
24	4.82	9.64	9.15	8.19	6.74
26	5.65	11.3	10.7	9.6	7.91
28	6.57	13.1	12.4	11.1	9.19
30	7.53	15	14.3	12.8	10.5
32	8.58	17.1	16.3	14.5	12
36	10.8	21.6	20.5	18.3	15.1
[illegible]	[illegible]	[illegible]	[illegible]	22.7	18.7

4 左端の「ワイヤロープの公称径」の列の数字22 mmが、求めるワイヤロープの太さです。

例題６　「モード係数」による方法

問　題

質量5tの荷を、ワイヤロープを用いて3本3点つり、つり角度60度でつるとき、用いることのできる最小のワイヤロープの太さ（公称径）はいくらか。ワイヤロープは6×24A種を使用します。

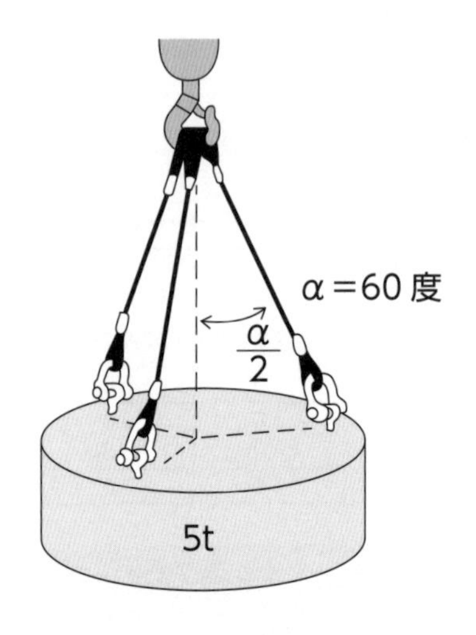

解き方の例

①　モード係数の表（p.69、表3-6）より、つり本数3本3点つりの行、つり角度60度を含む「30＜α≦60」の列を見て、交差する「2.5」を選びます。

②　基本使用荷重の公式

基本使用荷重＝つり荷の質量÷モード係数

に、それぞれの数値を代入して計算します。

$5 \div 2.5 = 2$

となり、1本当たりのワイヤロープに必要な基本使用荷重は2tです。

③　6×24A種のワイヤロープの使用荷重表（p.70、表3-7）の「基本使用荷重」の列から、2以上で最も小さい数字を探し、その行の一番左側にある「ワイヤロープの公称径」を見ます。ここでは2t以上でもっとも小さい数字は「2.14」（2.14t）ですので、この「2.14」の行の一番左側にある「ワイヤロープの公称径」の列を見ます。

④　ここに書いてある「16」（16mm）はワイヤロープの太さ（公称径）です。よって、用いることのできる最小のワイヤロープの太さは16mmとなります。

問　題

質量5tの荷を、ワイヤロープを用いて3本3点つり、つり角度60度でつるとき、用いることのできる最小のワイヤロープの太さ（公称径）はいくらか。ワイヤロープは6 × 24 A種を使用します。

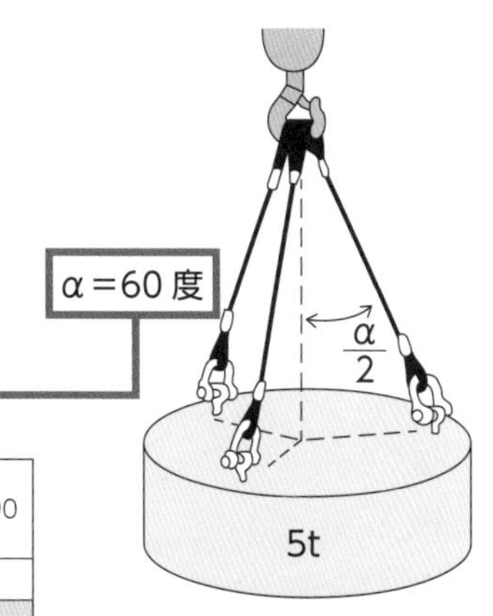

モード係数

つり角度α ／ つり本数	0	0＜α≦30	30＜α≦60	60＜α≦90
2本2点つり	2.0	1.9	1.7	1.4
3本3点つり	3.0	2.8	2.5	2.1
4本4点つり	3.0 (4.0)	2.8 (3.8)	2.5 (3.4)	2.1 (2.8)
2本4点つり	4.0	3.8	3.4	2.8

1 モード係数の表より、つり本数3本3点つりの行、つり角度60度を含む「30＜α≦60」の列を見て、交差する「2.5」を選び、

つり荷の質量÷モード係数＝基本使用荷重

5 ÷ 2.5 ＝ 2

2 基本使用荷重の公式に、質量とモード係数を代入して計算すると2になるので、

3 基本使用荷重の列の中から2t以上で最も小さい数字を探して、その数字の行の、

6 × 24 A種の使用荷重（t）　2本2点つり

ワイヤロープの公称径（mm）	基本使用荷重（t）	つり角度α（モード係数） 0 (2.0)	0＜α≦30 (1.9)	30＜α≦60 (1.7)	60＜α≦90 (1.4)
6	0.3	0.6	0.57	0.51	0.42
8	0.53	1.07	1.02	0.91	0.75
9	0.67	1.35	1.28	1.15	0.94
10	0.83	1.67	1.59	1.42	1.17
12	1.2	2.4	2.28	2.04	1.68
14	1.64	3.28	3.11	2.78	2.29
16	2.14	4.28	4.06	3.63	2.99
18	2.71	5.42	5.14	4.6	3.79
20	3.34.	6.68	6.34	5.67	4.67
22	4.06	8.12	7.71	6.9	5.68
24	4.82	9.64	9.15	8.19	6.74
26	5.65	11.3	10.7	9.6	7.91
28	6.57	13.1	12.4	11.1	9.19
30	7.53	15	14.3	12.8	10.5
32	8.58	17.1	16.3	14.5	12
36	10.8	21.6	20.5	18.3	15.1
[illegible]	[illegible]	[illegible]	[illegible]	22.7	18.7

4 左端の「ワイヤロープの公称径」の列の数字16 mmが、求めるワイヤロープの太さです。

例題７　質量の目測

問　題

下に示すコンクリート板の質量はいくらか？

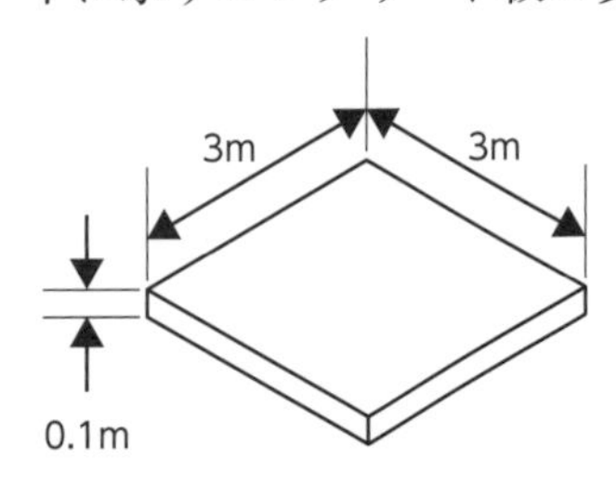

解き方の例

質量は、下記の式から計算することができます。

質量（t）＝ 1㎥当たりの質量（t）× 体積（㎥）

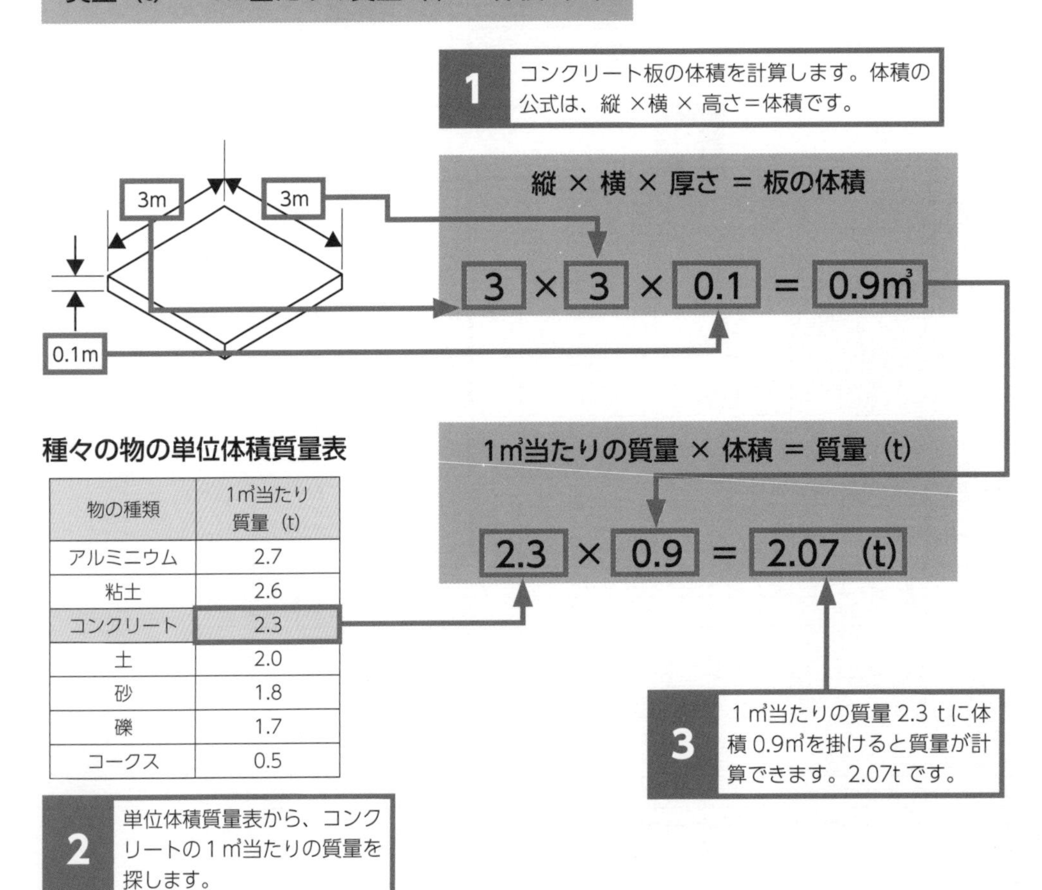

種々の物の単位体積質量表

物の種類	1㎥当たり質量（t）
アルミニウム	2.7
粘土	2.6
コンクリート	2.3
土	2.0
砂	1.8
礫	1.7
コークス	0.5

例題 8　質量の目測

問　題

下に示す鋼の丸棒の質量はいくらか？

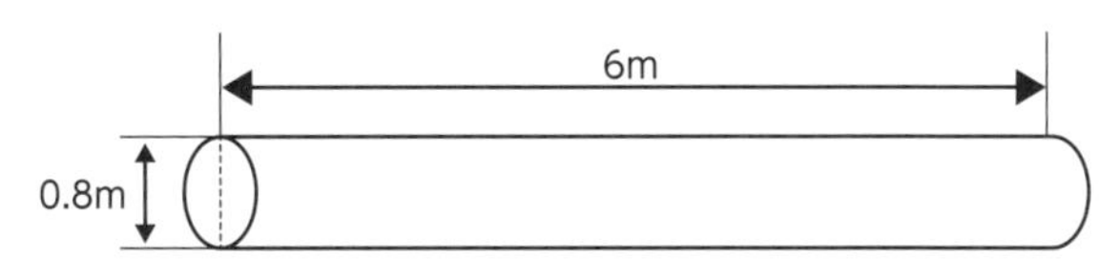

解き方の例

質量は、下記の式から計算することができます。

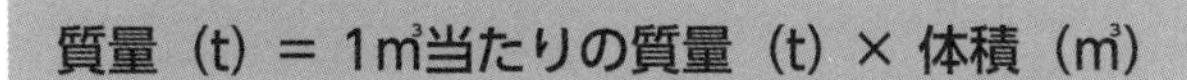

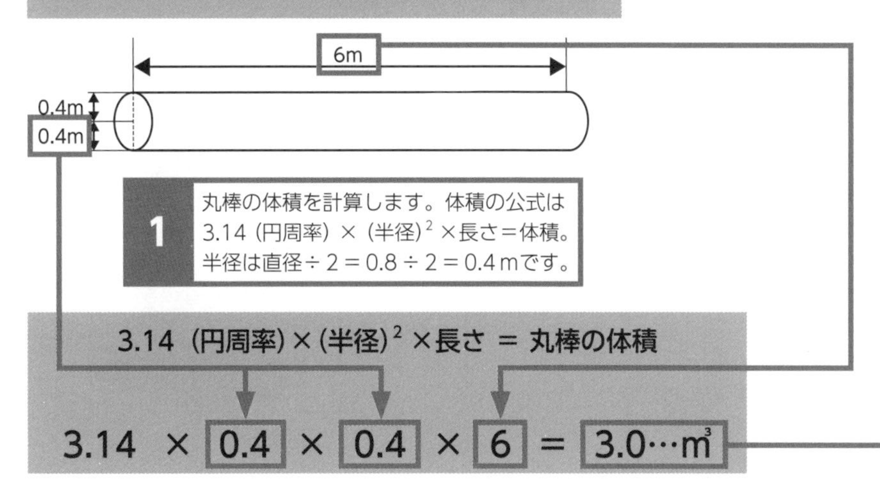

金属の単位体積質量表

物の種類	1㎥当たり質量（t）
鉛	11.4
銅	8.9
鋼	7.8
すず	7.3
鋳鉄	7.2
亜鉛	7.1
銑鉄	7.0

2　単位体積質量表から、鋼の1㎥当たりの質量を探します。

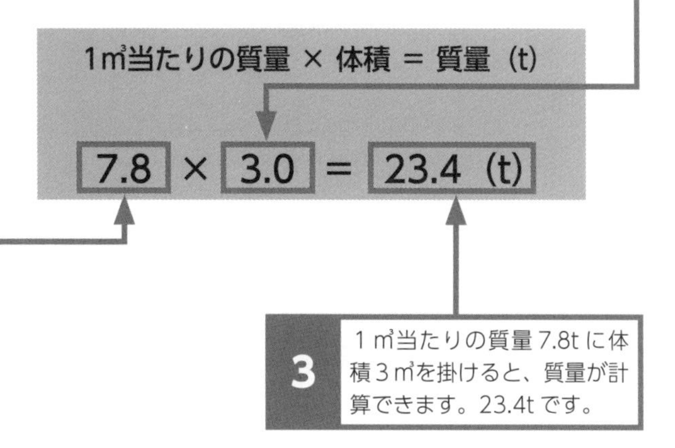

玉掛用具の点検基準表

表A　主な玉掛け用ワイヤロープの点検方法と判定基準

点検部分	点検方法	判定基準	不具合の例
ワイヤロープ部	1　ワイヤロープ1より間の素線の断線の有無を目視で調べる。	1　1よりの間において素線の数の10%以上の断線がない（P.75参照）。	6×24の場合 断線(断線数15/1ピッチ) ただし目に見える範囲で9本としている。
	2　ワイヤロープの摩耗量をノギス等で調べる。	2　直径の減少が公称径の7%以下である。	摩耗
	3　ワイヤロープのキンクの有無を目視で調べる。	3　キンクがない。	キンク
	4　ワイヤロープの変形の有無を目視で調べる。	4　著しい変形がない。	変形（つぶれ）
	5　ワイヤロープのさび、腐食の有無を目視で調べる。	5　著しいさび、腐食がない。	さび
	6　アイ部の変形の有無を目視で調べる。	6　著しい変形がない。	変形
	7　アイの編み込み部分の緩みの有無を調べる。	7　緩みがない。	
圧縮止め部	1　合金の摩耗量および傷の有無をノギス等で調べる。	1　合金の厚みが、元の厚みの3分の2以上あり、著しい傷がない。	圧縮止め部の傷
	2　合金部の変形および広がりの有無を目視で調べる。	2　著しい変形、広がりがない。	圧縮止め部の割れ

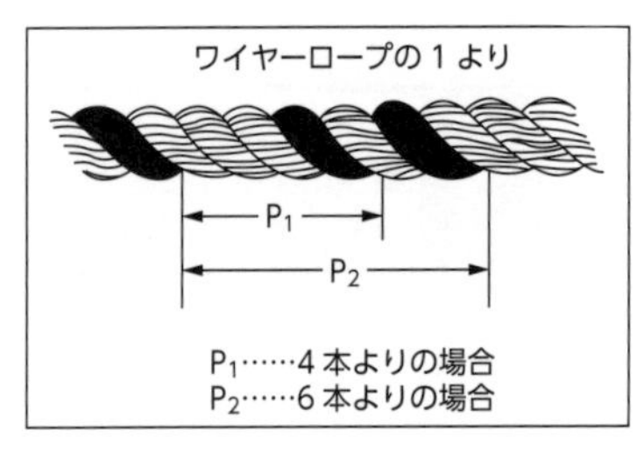

表B　主な玉掛け用つりチェーンの点検方法と判定基準

点検部分	点検方法	判定基準	不具合の例
チェーン	1　伸びを測定する。	1　伸びが、製造された時の長さの5％を超えない。	1ピッチ 5リンクのピッチの和 伸びは5ピッチを測定して比較
	2　摩耗を測定する。	2　線径の摩耗が10%を超えない。	
	3　き裂の有無を目視で調べる。	3　き裂がないこと。	き裂
	4　変形およびねじれの有無を目視で調べる。	4　著しい変形、ねじれがないこと。	曲り ねじれ へこみ

ポイント　チェーンの新品時の寸法は、購入時に測定して、各チェーンごとに台帳に記録しておかなければなりません。

表C　主なフックの点検方法と判定基準

点検部分	点検方法	判定基準	不具合の例
フック	1　口の開き、ねじれの有無を目視で調べる。	1　口の開き、ねじれがないこと。 口の開きは原寸法の5%を超えないこと。	口の開き
	2　き裂、傷、さびの有無を目視で調べる。	2　き裂がないこと。著しい傷やさびのないこと。	アイ部の傷
	3　目立った摩耗のないこと。	3　摩耗が原寸法の5%を超えないこと。	さび

表D　主なベルトスリングの点検方法と判定基準

点検部分	点検方法	判定基準	不具合の例
ベルト部	損傷（摩耗、傷）の有無をノギス等で調べる。	1　摩耗は全幅にわたって縫目がわかり、たて糸の損傷および縁の部分のたて糸の損傷、著しい毛羽立ちが認められないこと。 2　傷は幅方向に幅の10分の1または厚さ方向に厚さの5分の1に相当する傷が認められないこと。 3　使用限界表示のあるものは、その限界表示が著しく露出または消失が認められないこと。 4　使用開始年月日からの耐用年数を超えていないこと。	ベルト部の毛羽立ち ベルト部の傷 使用限界表示の露出
アイ部	損傷（摩耗、傷）の有無を目視で調べる。	1　縫目がわかり、たて糸の損傷が認められないこと。 2　目立った切り傷、すり傷、ひっかけ傷等が認められないこと。 3　縫糸の切断が認められても、アイの形状が保たれていること。 4　縫製部の剥離が少しでも認められないこと。	アイの形状が保たれていないもの 縫製部の剥離
金具	損傷（変形、傷、き裂、腐食等）の有無を目視で調べる。	1　変形が認められないこと。 2　著しい当たり傷、切り傷がないこと。 3　き裂がないこと。 4　著しい腐食がないこと。	

表E　主なラウンドスリングの点検方法と判定基準

点検部分	点検方法	判定基準	不具合の例
外　観	1　表面布の損傷を目視で調べる。	1　本体およびアイ等の表面布が損傷し、芯体が見えているもの。	 表面布の損傷
	2　連結部や接合部の縫糸の損傷を目視で調べる。	2　縫糸がほつれて芯体が見えているもの。	 縫糸のほつれ
	3　そのほかの外観の異常を目視で調べる。	3　本体およびアイ等の表面布に摩擦や熱、薬品などによるひどい毛羽立ち、変色、溶融、腐食などの異常が見られるもの。 ひどい汚れで使用可否の判定ができないもの。	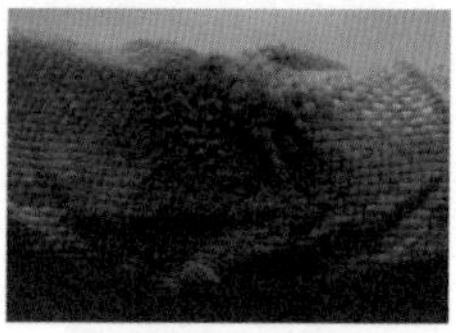 表面布の変色
芯　体	表面から触れて、芯体の感触を調べる。	芯体が部分的に硬くなり、太さの不均一が目立つもの。	 太さの不均一

ポイント

繊維スリングは点検時の判定基準が文章等では判断が難しいので、写真等で廃棄基準を職場に掲示することも必要です。

つりクランプの定期点検は専門知識が必要ですから、専門メーカーに依頼するとよいでしょう。

表F　主なつりクランプの点検方法と判定基準

点検部分		点検方法	判定基準	不具合の例
外観および作動		1　変形、ねじれの有無を目視で調べる。 2　カム、ロックの機能の異常の有無を調べる。 3　き裂、さび、アークストライクの有無を目視で調べる。	1　変形、ねじれがないこと。 2　機能に異常がないこと。 3　き裂、著しいさびおよび、アークストライクがないこと。	変形
つり環		変形、き裂、摩耗、曲がりの有無を目視で調べる。	変形、き裂、摩耗、曲がりがないこと。	曲がり
カムおよびジョー		1　歯の欠け、摩耗の有無を目視で調べる。 2　き裂およびさびの有無を目視で調べる。	1　歯の欠け量、摩耗量が製造者の指定した使用限度内であること。（参考：鋸歯およびローレット歯の場合は0.5mm以内） 2　き裂および著しいさびがないこと。	歯の摩耗
各部のピン		1　曲がりの有無を目視で調べる。 2　摩耗の有無を目視で調べる。	1　曲がりがないこと。 2　摩耗がないこと。	曲がり 摩耗
ロック装置	ロック装置	1　ロック装置の異常の有無を目視で調べる。 2　作動が正常でない場合は分解点検を行う。	1　曲がり、ねじれ、伸び、著しいさびがないこと。 2　ロック装置がスムーズに動くこと。	作動不良
	バネ	曲がり、ねじれ、伸び、さびを確認する。	曲がり、ねじれ、伸び、著しいさびがないこと。	曲がり

表G　主なハッカーの点検方法と判定基準

点検部分	点検方法	判定基準	不具合の例
ハッカー	1　のび、ねじれ、開き、よりの有無を目視で調べる。 2　爪の当たり傷、爪先のだれ、爪の損傷の有無を目視で調べる。 3　き裂の有無を目視で調べる。	1　のび、ねじれ、開き、よりがないこと。 2　爪の当たり傷、だれ、損傷がないこと。 3　き裂がないこと。	C ねじれ き裂
アークストライク	アークストライクの有無を目視で調べる。	アークストライクがないこと。	アークストライク

(注) アークストライクとは、アーク溶接の際、母材の上に瞬間的にアークを飛ばし直ちに切ること、またはそれによって起こる欠陥をいう。ここではアーク痕のことである。

表Ｈ　主なシャックルの点検方法と判定基準

点検部分	点検方法	判定基準	不具合の例
本体	1　開き、縮み、ねじれ、摩耗の有無を目視で調べる。	1　開き、縮み、ねじれ、摩耗がないこと。摩耗が原寸法の5％を超えないこと。	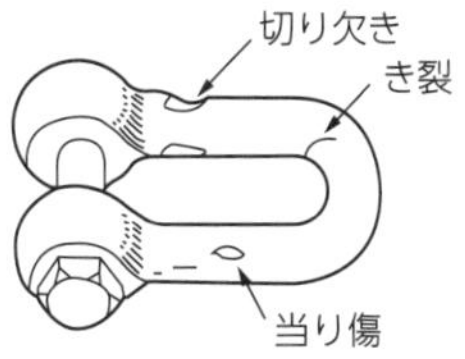 切り欠き き裂 当り傷
	2　き裂、変形、さびの有無を目視で調べる。	2　き裂、変形、さびがないこと。	 変形
	3　ねじ部の摩耗またはつぶれをアイボルトを用いて調べる。	3　異常がないこと。	 さび
アイボルト、ボルトおよびピン	1　曲がりの有無を目視で調べる。	1　曲がりがないこと。	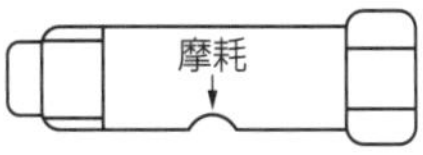 摩耗 ボルトの摩耗
	2　き裂の有無を目視で調べる。	2　き裂がないこと。	
	3　摩耗の有無を目視で調べる。	3　摩耗がないこと。	

編集協力（敬称略）

（全体監修および第４章）
児玉　　猛　　住友重機械マリンエンジニアリング株式会社　製造本部　主管

（第１章）
腰越　勝輝　　腰越技術士事務所　代表

（第２章）
山際　謙太　　独立行政法人労働者健康安全機構　労働安全衛生総合研究所
　　　　　　　機械システム安全研究グループ　上席研究員・博士

（第３章）
橋上健太郎　　イーグル・クランプ株式会社　知的財産管理室　室長
大木　俊明　　大洋製器工業株式会社　システム企画室

写真提供（敬称略）
【図 1-7】株式会社キトー
【図 1-8】【図 1-12】株式会社ナニワ製作所
【図 1-9】【図 1-23】IHI 運搬機械株式会社
【図 1-10】JFE 商事造船加工株式会社
【図 1-11】住友重機械搬送システム株式会社
【図 1-13】株式会社日本起重機製作所
【図 1-14】福島県小名浜港湾建設事務所
【図 1-16】三菱電機 FA 産業機器株式会社
【図 1-17】西部電機株式会社
【図 1-18】古河ユニック株式会社
【図 1-19】【図 1-28】株式会社タダノ
【図 1-20】【図 1-21】コベルコ建機株式会社
【図 1-22】伊藤忠建機株式会社
【図 1-25】株式会社松浦造船所
【図 1-31】【図 3-34】【図 3-37】【図 3-38】住友重機械マリンエンジニアリング株式会社
【図 3-6】【図 3-7】【図 3-14】【図 3-16】【図 3-17】【図 3-18】【表 A】【表 C】【表 D】【表 E】【表 H】大洋製器工業株式会社
【図 3-19】【表 F】イーグル・クランプ株式会社
【図 3-25】三木ネツレン株式会社
【図 3-32】株式会社水本機械製作所
【図 3-36】コンドーテック株式会社

玉掛け作業者安全必携
―技能講習・特別教育用テキスト―

平成30年10月31日　第 1 版第 1 刷発行
令和 3 年 1 月29日　第 2 版第 1 刷発行
令和 6 年 8 月27日　第 5 刷発行

編　　者　中央労働災害防止協会
発 行 者　平山　剛
発 行 所　中央労働災害防止協会
〒108-0023
東京都港区芝浦 3-17-12
吾妻ビル 9 階
電話　販売　03（3452）6401
編集　03（3452）6209
デザイン　デザイン・コンドウ
イラスト　嘉戸享二
印　　刷　新日本印刷㈱

乱丁・落丁本はお取り替えいたします。

ISBN978-4-8059-1973-6　C3060
中災防ホームページ　https://www.jisha.or.jp